十二五国家科技支撑计划课题

东北严寒地区绿色村镇建设综合技术集成示范（2013BAJ12B04）

东北严寒地区村镇绿色建筑

围护结构构造图集

邵郁　孙澄　　编著

U0212684

中国建筑工业出版社

前言

在我国严寒地区，冬季严寒漫长，夏季凉爽短促，建筑采暖能耗大，对环境的污染也更为严重。在该地区的现有村镇建筑中，由于多数属于居民自建住宅，缺乏科学的技术指导。满足绿色生态要求的不到5%，能源和资源浪费情况严重。与此同时，采暖期室内外空气质量下降，严重影响居民的健康状况。因此，急需结合严寒地区的气候特征、地域特点等因素，研究能够指导严寒地区建设的绿色建筑设计方法与技术手段，使严寒地区建筑走向舒适、健康、节能、环保的绿色之路。

当前，城镇化进程不断加快，传统的城市发展模式正在向建设生态宜居城市转变，发展绿色建筑已经成为当今城镇化发展的主旋律。然而，绿色建筑的发展是一个循序渐进的过程。对于东北严寒地区的村镇建筑来说，探索适宜的建造技术是推进村镇绿色建筑的关键。

我国社会主义新农村建设的相关政策使村镇建设进程加快，村镇建设取得了巨大的成就。近20年来，在国民经济持续增长、人民生活水平不断提高的背景下，我国城乡建设迅速发展，房屋建设规模也日益扩大。与城镇建筑相比，村镇建筑有三方面特点。

首先，村镇建筑的发展具有明显的地域特色，从村落格局到建筑形制、建造技术都具有历史传承的自稳定特征。村镇建筑，特别是村镇住宅，一般由村民自建，通常会采用代代相传的低成本建造技术，就地取材，具有原生态的典型特征。

其次，村镇建筑的发展水平受到经济发展的制约。长期以来，我国东北地区经济发展水平相对落后，致使村镇建设滞后。村镇发展缺乏科学规划的情况比比皆是，而即便是有村镇建设规划的地方，在具体落实时也常常难以贯彻实施到位，许多东北村镇建设出现千篇一律的状况；村镇建设由于缺乏资金，在能源、垃圾处理、绿化等方面通常比较落后，对生态环境的破坏较为严重。另一方面，由于村镇务农人口减少，常住人口下降速度较快，导致村镇"空房"越来越多，村镇建筑的可持续发展也面临新的社会问题。

　　再次，村镇建筑建造技术更新相对缓慢。相对城市建筑来说，乡村建筑从设计到施工受到新技术的影响较小，因此，通过改进技术手段提高对能源和资源的利用效率是村镇绿色建筑发展的必然之路，发展的重点是对传统村镇建筑建造技术的改进，以达到保护原有生态环境的目标。

　　基于上述原因，专家和学者尝试将绿色建筑等设计理念与技术引入到村镇建设中，取得了许多研究成果，并已用于指导实践。长期以来，由于地理位置的原因，我国严寒地区村镇建设工作相对缓慢，对村镇绿色建筑的认知与实践相对不足。严寒地区独特的地域文化和气候特征使得村镇绿色建筑具有特殊性和较高的研究与应用价值。

　　由哈尔滨工业大学承担的"十二五"国家科技支撑计划"严寒地区绿色村镇建设关键技术研究与示范"项目，是针对我国严寒地区气候特征和地域特点，以改善严寒地区村镇人居环境为立足点，从构建"资源节约"、"环境友好"型社会的战略高度，研发适宜严寒地区绿色村镇建设的成套技术，以期为严寒地区的绿色村镇可持续发展提供技术支撑和模式保障，提高严寒地区村镇的人居环境水平。

　　课题组对黑龙江、吉林、辽宁、内蒙古等地典型村镇建筑进行了大量的调研、测试，开展了相关技术研究、实验与论证分析，因地制宜地确定了严寒地区绿色村镇建设关键技术研究方案，内容涉及严寒

地区村镇饮用水净化处理、稻壳砂浆节能墙板的研制、生活垃圾收运和生活污水处理、路面自动除冰技术、太阳能热风自采暖系统等。

本图集是该项目子课题《东北严寒地区绿色村镇建设综合技术集成示范》的成果之一。在"四节一环保"的绿色建筑思想指导下，本项研究立足深入挖掘东北严寒地区村镇建筑围护结构构造的传统技术，并结合当代节能技术新成果进行改善和提升，编制一套围护结构构造图集。

在严寒地区的村镇建筑中，通过优化围护结构节能设计技术，可以明显提升绿色建筑的节能效率，改善绿色建筑性能。本图集可指导东北严寒地区村镇居民自建或开发建设绿色建筑，以期提高东北严寒地区的人居环境与生活品质。

本图集是在大量搜集第一手资料的基础上编写而成，图文并茂，通俗易懂，可供东北严寒地区村镇居民建造绿色建筑时作为借鉴之用，还可作为从事寒地绿色建筑技术发展的技术人员、大学生以及村镇建设的管理人员参考使用。

目录

壹

东北严寒地区村镇绿色建筑围护结构综述

综述

  绿色建筑是指在全寿命期内，最大限度地节约资源（节能、节地、节水、节材）、保护环境、减少污染，为人们提供健康、适用和高效的使用空间，与自然和谐共生的建筑。绿色建筑应该充分利用环境自然资源，尽量在不破坏环境基本生态平衡条件下建造建筑，它表达了人与环境和谐共存的意愿。从中国村镇环境建设现状来看，多数建筑从建造到后期使用存在严重的资源浪费，因此，应该在新农村建设中主动引导绿色建筑的建设。对东北严寒地区来说，提高建筑围护结构的热工性能是提高建筑节能效率的关键性问题。

  据统计，我国建筑的能源消耗主要分布在空调和采暖负荷上，比对相近纬度、气候类似的国家和地区，我国单位面积采暖负荷比一些发达国家多出近两倍以上。究其原因，是建筑的围护结构在热工及材料环保性能等方面效率低所致，而发达国家通过被动式技术降低房屋能耗的实践则有很多成熟经验。我国村镇建筑大多采用自建的方式，缺乏节能的意识与相关知识，更加导致建筑能耗居高不下。

  东北严寒地区的村镇住宅多为独栋单层建筑，围护结构通常做法简单、保温性能差。近年来，一些新建村镇住宅针对围护结构保温性能采取了部分改善措施，如在外墙和屋顶添加保温层或是采用双层玻璃外窗等，但总体来说仍处于低质量水平。在村镇住宅的围护结构中，倡导低能耗被动式构造技术，是建设我国社会主义新农村的必然发展趋势。

村镇建筑围护结构定义及其组成

  围护结构一般是指围合建筑空间四周的墙体、门窗、楼地面、屋顶、楼梯等，是构成建筑空间，抵御环境不利影响的建筑构件。

  东北严寒地区村镇住宅建筑一般集居住与部分生产活动等功能于一体，多以单层或低层建筑为主，建筑高度较低，分为平屋顶和坡屋顶两种。

  根据围护结构在建筑物中的位置不同，可分为外围护结构和内围护结构。外围护结构包括外墙、屋顶、外门和外窗等，是指同室外空气直接接触的围护结构，用以抵御风雨、温度变化、太阳辐射等，应具有保温、隔热、隔声、防水、防潮、耐火、耐久等性能。内围护结构包括内墙、楼板、楼梯、内门和内窗等，是指不同室外空气直接接触的围护结构，起分隔室内空间作用，应具有隔声、隔视线以及某些特殊要求的性能。

1．墙体

墙体包括外墙和内墙。其中，外墙是建筑物室内与室外的分界构件。它的主要功能是承担一定荷载、遮挡风雨、保温隔热、防止噪声、防火安全等。由于气候的原因，东北严寒地区村镇建筑的外墙通常较厚，是建筑中资源消耗最大的部分，也是对建筑的节能性能影响最大的部分。传统的村镇建筑外墙一般为砖墙，热稳定性较好，但是资源浪费严重。

2．门窗

门窗多是完型产品，由厂家定做，本图集不做专门一章讲述。

3．楼地面

在建筑中，楼地面是摆放家具和设备，从事使用活动的承载面，要经受各种侵蚀、摩擦和冲击作用，因此要求有足够的强度和耐腐蚀性。一般来说，楼地面由面层和基层组成，基层又包括垫层和构造层两部分。对村镇建筑来说，考虑居民的经济能力与生活习惯等因素，楼地面构造上要考虑选择经济性好、耐摩擦的面层，基层构造做法要保证耐久性。

4．屋顶

屋顶包括屋面以及墙体以上用以支撑屋面的建筑构件。对严寒地区来说，屋顶的保温设计对节能影响较大。屋顶节能设计要把握好屋顶的结构形状、节能材料及节能环境等。屋顶的构造一般包括防水层、找平层、保温层和找坡层等。对于严寒地区的村镇建筑来说，应该因地制宜地选择当地的建筑材料及农业剩余物资作为保温材料。本图集介绍了适合村镇绿色建筑的平屋顶以及坡屋顶构造。

5．楼梯

楼梯是建筑物楼层间作为垂直交通用的构件，用于楼层间及高差较大时的交通联系。楼梯由梯段、休息平台和围护构件等组成。一般村镇建筑以低层为主，楼梯可根据经济条件选择小构件预制装配式楼梯、钢筋混凝土楼梯或木楼梯。

影响村镇绿色建筑围护结构节能性能的因素

1．围护结构基本性能

村镇绿色建筑的围护结构应具有以下基本性能：

（1）保温
在严寒地区，保温性能对建筑的能源消耗和室内热环境影响较大。围护结构在冬季应具有保持室内热量，减少热损失的能力，其性能通常用热阻和热稳定性来衡量。提高保温性能的措施通常包括增加墙厚、选择热工性能好的材料、设置密闭空气层等，有时可以综合使用几种措施以优化保温效果。

（2）隔热
围护结构在夏季应具有抵抗室外热作用的能力。在太阳热辐射和室外高温作用下，围护结构内表面如能保持适应生活需要的温度，则表明隔热性能良好；反之，则表明隔热性能不良。提高围护结构隔热性能的措施通常有设隔热层以加大热阻、采用通风间层、外表面采用对太阳辐射热反射率高的材料等。

（3）隔声
隔声是指围护结构对空气声和撞击声的隔绝能力，这是保证空间品质的要求。通常情况下，墙体和门窗等构件以隔绝空气声为主；楼板则以隔绝撞击声为主。

（4）防水防潮

不同部位的构件在防水防潮性能上有不同的要求。其中，屋顶作为建筑最上部的围护结构，应具有可靠的防水性能；外墙应该具有很好的防潮性能，因为潮湿的墙体会恶化室内条件，并降低材料的保温性能。

（5）耐火

围护结构的耐火能力常以构件的燃烧性能和耐火极限来衡量。构件按燃烧性能可分为燃烧体、难燃烧体、非燃烧体。构件材料经过处理可改变燃烧性能。

（6）耐久

围护结构在长期使用和正常维修条件下，仍能保持所要求的使用质量的性能。影响围护结构耐久性的因素有冻融作用、盐类结晶作用、雨水冲淋和受潮、老化、大气污染、化学腐蚀、生物侵袭、磨损和撞击等。不同材料的围护结构受这些因素影响的程度是不同的。

对绿色建筑来说，必须首先保证围护结构具有上述基本性能，它们是减少资源浪费的最低底线。

2．影响节能的其他因素

除了围护结构的构造方式外，村镇绿色建筑的围护结构是否节能还和建筑物朝向、体形系数、传热系数、材料选择等有关。

（1）建筑物朝向

就朝向而言，南北朝向的建筑物较东西朝向的节能，东西朝向比南北朝向的能源消耗量指标约增加5%左右。所以，村镇绿色建筑在选址上，如无特殊情况，宜选择南北朝向。

（2）体形系数

在其他条件相同的情况下，建筑物耗热量指标随体形系数增大而增大，从节能方面考虑，体形系数应尽可能小。村镇住宅多为单层，建筑要尽量选用长方形、长条形的平面布局形式，从而减少建筑能耗。在经济较发达的地方，鼓励建造 2～3 层农宅建筑，在节约土地资源的同时，有利于减小体形系数。

（3）其他节能措施

在村镇绿色建筑中，不同的围护结构可采取相应措施以达到提高节能效果的目的。如建保温隔热层、太阳能采集装置、规范设计并使用太阳能热水器等；可通过增加墙体厚度、使用新型墙材或在墙体外表加贴保温隔热层等手段达到提高墙体的保温隔热性能的目的；减小窗墙面积比，外窗面积不应过大，在不同地区，不同朝向窗墙面积比应控制在一定范围，还应提高门窗气密性。

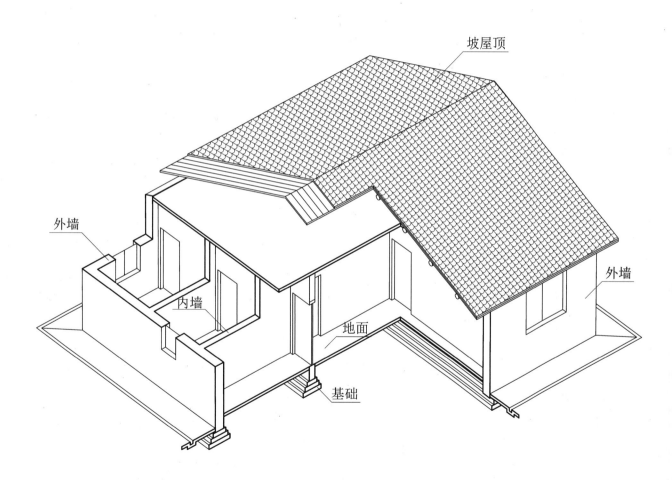

图 1-1　单层坡屋顶住宅围护结构示例

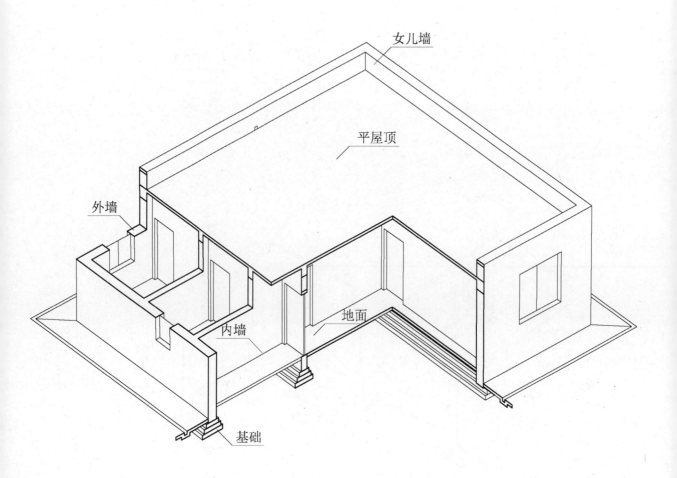

女儿墙

平屋顶

外墙

地面

内墙

基础

图 1-2　单层平屋顶住宅围护结构示例

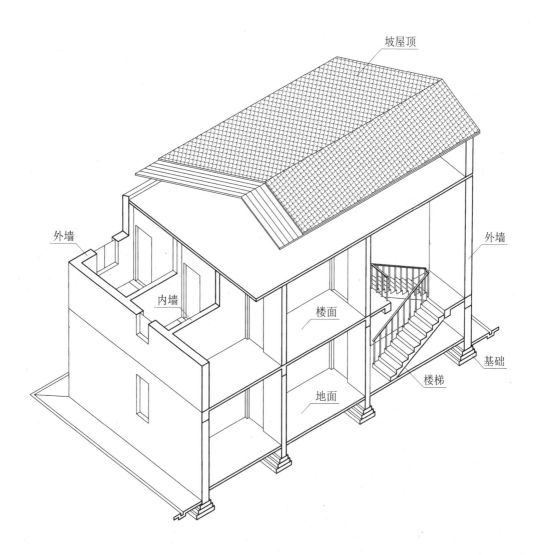

图 1-3　多层坡屋顶住宅围护结构示例

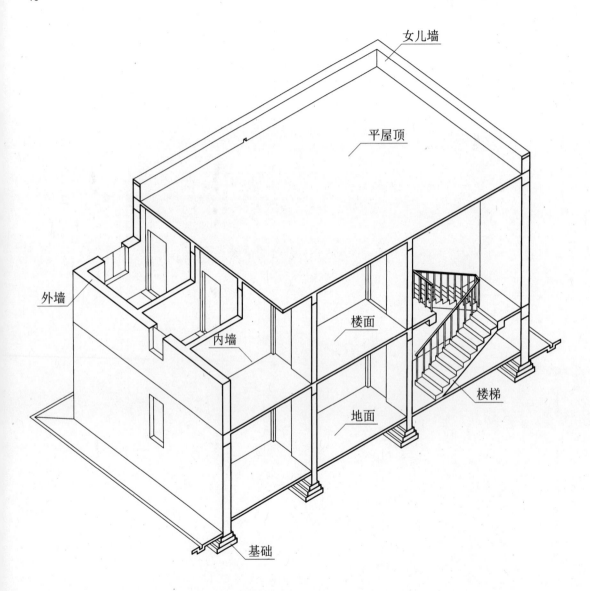

图 1-4　多层平屋顶住宅围护结构示例

贰

墙体构造

概述

墙体作为围护结构，对热工性能的要求十分严格。在寒冷地区，外墙应该具有良好的保温性能，以减少室内热量的散失，同时也能防止围护结构内部产生冷凝水的情况。

墙体材料

适合村镇住宅建筑的墙体系统按照承重体系不同，可分为砌体结构墙体、轻钢结构墙体和生土墙墙体等。不同的结构体系下采用的墙体材料不同，各有其优缺点，可根据建筑所在地区的经济技术条件、资源等情况进行选择。

1. 砌体结构墙体

在传统的村民自建住宅中，砌体结构体系是选择较多的一种建造方式。

以往，村民多采用黏土实心砖作为外墙材料，其烧制过程造成较严重的土地资源浪费。且严寒地区因气候原因，对外墙的保温性能要求高，通常外墙较厚。因此，选择合适的外墙材料，用适宜的技术手段提高墙体保温的整体性和体系化，是村镇绿色建筑建造的关键性问题。

适用于严寒地区村镇绿色建筑砌体承重结构的墙体材料主要有 KP1 多孔砖、非黏土实心砖、承重砌块混凝土和以碎石或卵碎石为粗骨料制作的可承重的普通混凝土小型空心砌块。这些墙体材料具有质量轻、力学性能好、保温隔热性能优的特点，同时用于生产的原材料大部分是工业废料或其他非黏土类资源，在使用性能上也基本接近黏土实心砖，材料的保温隔热性能基本上能满足绿色建筑对节能方面的要求。

2. 轻钢结构墙体

轻钢结构体系与木结构体系类似。由于环保意识的加强和木材短缺等因素，美国、日本、英国、澳大利亚等许多国家正积极地推动中低层轻钢结构住宅的应用与发展。从住宅工业化的发展来看，轻钢结构住宅适合标准化、系列化，可以成为未来中低层住宅的重要建造体系。

钢材结构性能好，轻质高强，抗震性能佳；同时，由于钢材可100%回收，从资源的角度来说，比砌体、混凝土等材料更节能、环保，质量有保证。钢材自重轻、可在工厂预制加工，基础造价低、现场工期短、施工简便，施工现场基本没有湿作业，不会产生粉尘、污水等污染。此外，轻钢结构构件截面尺寸小，在构造合理的情况下，墙体可以做得很薄，建筑使用效率高。因此，对村镇住宅建筑来说，轻钢结构体系下的建筑从各方面来说都是绿色建筑首选的建造方式。

轻钢结构体系下应该选择自重轻、保温性能好的墙体材料。在严寒地区村镇绿色建筑中，墙体材料除了选择一些工业废料制成的轻质填充墙板外，还可以采用农余物资等可再生材料进行预制。如在农业主产区村镇可选用草板、草砖等材料，这是有利于节约资源、可持续发展的生产方式。

3. 生土墙体

生土建筑是指用焙烧而仅做简单加工的原状土为材料营造主体结构的建筑。生土建筑是中华民族祖先留给后代宝贵的建筑文化遗产的重要见证。在用材方面，生土建筑具有就地取材、成本低廉、便于施工的特点；同时，生土墙体具有热稳定性好、冬暖夏凉的优越性，因此在传统的农村自建房中广泛使用。

随着黏土砖的出现，生土建筑越来越少，而作为生土墙体本身来说其在节约资源、耗水量小、有利于生态平衡、不产生工业废料及有毒有害物质等方面的特征使生土墙体仍然是可选用的绿色建造方式。

墙体保温

在东北严寒地区，建筑外墙保温的构造做法是建筑物是否节能的关键，设计合理的保温构造既能够在建造过程中节约原材料，又能够保证建筑在后期的使用过程中节约能源消耗。通常情况下，通过在建筑的墙体构造中设置保温层来进一步提高墙体保温性能。近年来，可通过改进墙体保温材料的成分、厚度，以及调整保温层位置等方式从整体上改善墙体保温的研究较多。

在严寒地区，墙体的保温材料用的较多的是EPS类保温材料。选择EPS类保温材料时，多采用外墙外保温的构造做法，这样能有效切断外墙上混凝土圈梁、混凝土芯柱等部位的热桥，提高外墙保温的整体性能，防止外墙内表面冬季结露。EPS 外墙外保温把重质结构材料设置在内侧，可以利用重质材料热容大的特性，提高房间热稳定性；把保温材料设置在密实结构材料外侧，使外墙内部产生冷凝水的几率降低，对围护结构容易产生热桥部位的保温性能予以加强，避免热量的过多散失。EPS 外墙外保温对主体结构起到隔热和保护作用。

除传统的保温材料外，近些年研究的新型草板保温材料也是严寒地区村镇绿色建筑保温材料的选择之一。草砖与草板等材料具有很高的强度和出色的保温性能。由于原材料通常来自粮食主产区，从生产原料的选择和减少运输成本的角度来说，适用于村镇住宅的建设。草板保温材料有很高的防火性能，它既是保温材料，也可以加工成强度很高的纸面草板，可以结合钢结构骨架，直接作为填充外墙的墙板。因此，用草板材料可以建造强度高、自重轻、施工时间短的村镇住宅建筑。

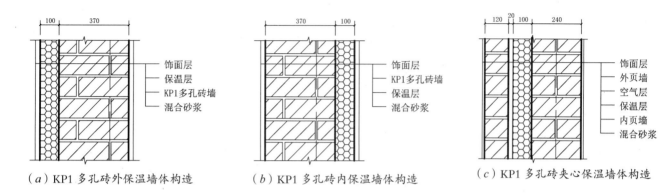

（a）KP1 多孔砖外保温墙体构造　　　　（b）KP1 多孔砖内保温墙体构造　　　　（c）KP1 多孔砖夹心保温墙体构造

图 2-1　KP1 多孔砖保温墙体构造

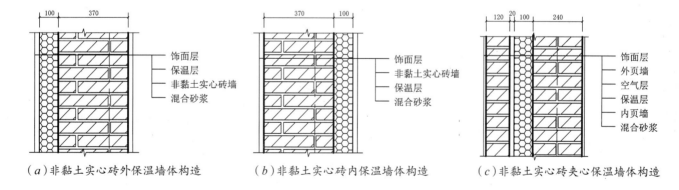

（a）非黏土实心砖外保温墙体构造　　　　（b）非黏土实心砖内保温墙体构造　　　　（c）非黏土实心砖夹心保温墙体构造

图 2-2　非黏土实心砖保温墙体构造

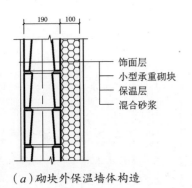

（a）砌块外保温墙体构造

饰面层
小型承重砌块
保温层
混合砂浆

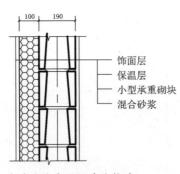

（b）砌块内保温墙体构造

饰面层
保温层
小型承重砌块
混合砂浆

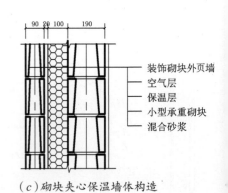

（c）砌块夹心保温墙体构造

装饰砌块外页墙
空气层
保温层
小型承重砌块
混合砂浆

图 2-3　砌块保温墙体构造

砌体结构构造

砌体结构保温墙体施工要点

①用砌体材料砌筑墙体时，必须将砌块彼此交错搭接砌筑，以保证墙体和房屋有一定整体性。

②当选择的砌体材料的尺寸比砖大时，光靠砂浆粘结是不能保证砌体整体性的，必须采取钢丝网加固等措施。

砌块结构保温墙体构造选择要点

①外墙外保温：墙体表面温度波动小，可基本消除热桥的影响，当供热不匀或室外温度变化大时，可保证墙内表面温度不会急剧下降，改善室内热环境质量。此外，可保护主体结构，延长建筑物寿命，使墙体潮湿情况得到改善。

②外墙内保温：施工技术不复杂，简便易行，造价相对较低，一般可用于室内温度要求不高的原有建筑外墙保温改造，需要做好隔汽层。

③外墙夹心保温：墙体可对保温材料形成有效的保护，因此对保温材料的选材要求不高，对施工季节和施工条件的要求不十分高，不影响冬期施工。施工时应注意保证内外两层砌块体之间的可靠拉结，并在勒脚、窗台等处另加处理。

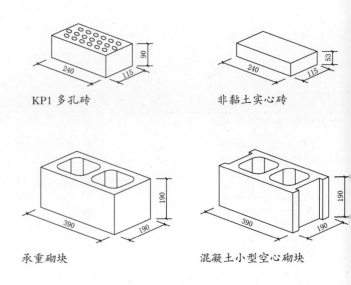

KP1 多孔砖

非黏土实心砖

承重砌块

混凝土小型空心砌块

图 2-4　适宜村镇住宅的主要砌体结构墙体材料及其尺寸

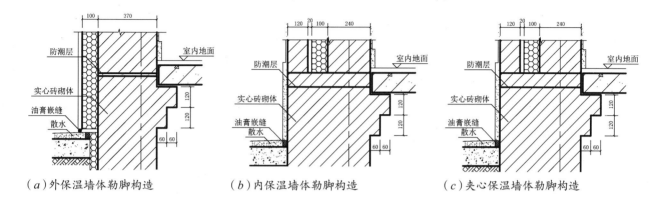

（a）外保温墙体勒脚构造　　　　（b）内保温墙体勒脚构造　　　　（c）夹心保温墙体勒脚构造

图2-5　砖砌体保温墙体勒脚构造一

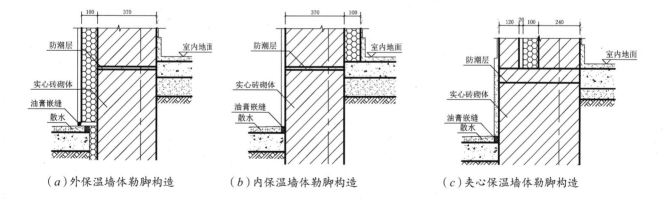

（a）外保温墙体勒脚构造　　　　（b）内保温墙体勒脚构造　　　　（c）夹心保温墙体勒脚构造

图2-6　砖砌体保温墙体勒脚构造二

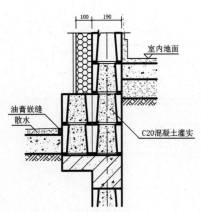

（a）砌块外保温墙体勒脚构造

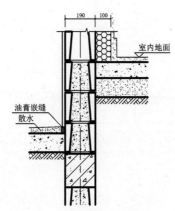

（b）砌块内保温墙体勒脚构造

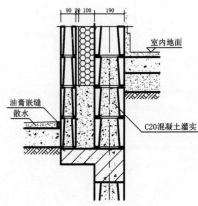

（c）砌块夹心保温墙体勒脚构造

图2-7　砌块保温墙体勒脚构造

砌体结构构造

勒脚的作用

勒脚的作用是防止地面水、屋檐滴下的雨水对建筑墙体的侵蚀，同时防止外力对该部位的撞击，从而保护墙面，保证室内干燥，提高建筑物的耐久性。勒脚也能使建筑的外观更加美观。

外墙勒脚施工要点

①勒脚部位应外抹水泥砂浆，对美观要求较高的建筑可采用外贴石材等防水耐久的材料，勒脚应与散水、墙身水平防潮层形成闭合的防潮系统。

②勒脚的高度不低于700mm。

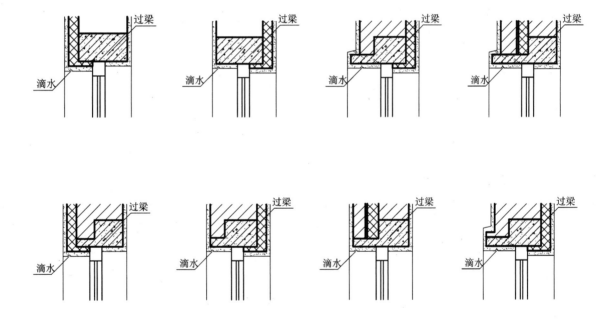

图2-8　砌体结构外墙门窗过梁构造

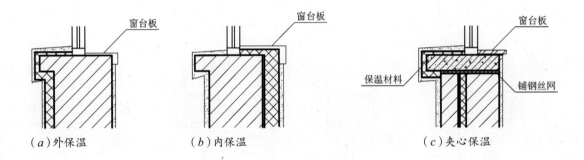

（a）外保温　　　　　　（b）内保温　　　　　　　（c）夹心保温

图 2-9　砌体结构外墙保温窗台构造

砌体结构构造

过梁的分类

门窗过梁按材料及形式不同可分为钢筋砖过梁、砖砌平拱过梁、砖砌弧拱过梁和钢筋混凝土过梁、砖砌楔拱过梁、砖砌半圆拱过梁、木过梁等。

施工注意事项

①砖砌过梁的跨度，应符合下列规定：钢筋砖过梁为 1.5m；砖砌平拱为 1.2m。对有较大振动荷载或可能产生不均匀沉降的房屋，应采用钢筋混凝土过梁。

②砖砌过梁的构造，应符合下列规定：砖砌过梁截面计算高度内的砂浆强度不宜低于 M5；砖砌平拱用竖砖砌筑部分的高度不应小于 240mm；钢筋砖过梁底面砂浆层处的钢筋，其直径不应小于 5mm，间距不宜大于 120mm，钢筋伸入支座砌体内的长度不宜小于 240mm，砂浆层的厚度不宜小于 30mm。

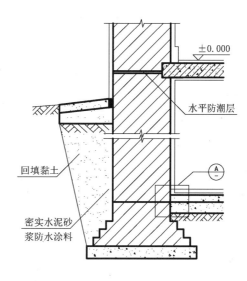

图 2-10　砌体结构地下室外墙构造

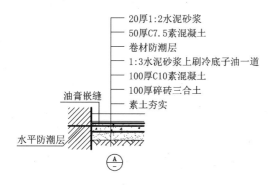

图 2-11　A 节点做法

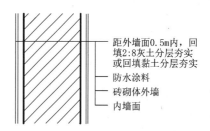

图 2-12　地下室外墙防潮构造

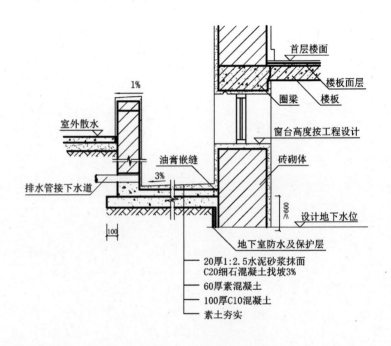

图 2-13 地下室采光井构造

砌体结构构造

地下室设计及施工要点

村镇住宅可设置地下室，多为贮藏用房。

地下室一般由顶板、底板、侧墙、楼梯、门窗、采光井等组成。地下室的顶板采用现浇或预制混凝土楼板，地下室的外墙厚度应满足计算要求，地下室必须具有足够的强度、刚度、抗渗透能力和抗浮力的能力。

当地下室的窗台低于室外地面时，为了保证采光和通风，应设采光井。采光井由侧墙、底板、遮雨设施或铁算子组成，一般每个窗户设一个，当窗户的距离很近时，也可将采光井连在一起。

当地下室底板高于地下水位时可做防潮处理，当地下室底板有可能处于地下水中时应做防潮防水处理。当地下室底板常年泡在地下水中时，外墙应做垂直防水处理，地板应做水平防水处理，目前采用的防水措施有卷材防水和混凝土自防水两种。

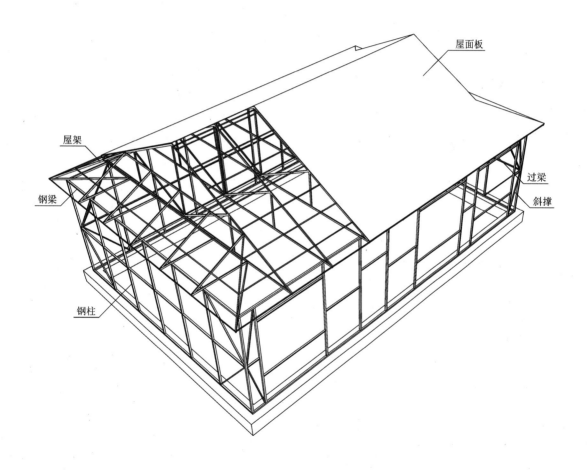

图 2-14　轻钢结构骨架示意图

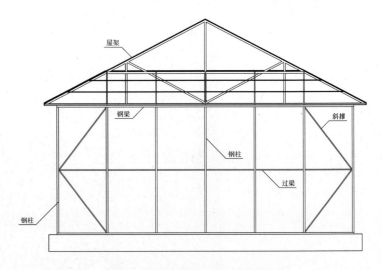

图 2-15　轻钢结构骨架剖面示意图

轻钢结构墙体构造

轻钢结构住宅

轻钢结构住宅是以热轧轻型 H 型钢、轻型焊接型钢、高频焊接型钢、冷弯薄壁型钢、薄钢板和薄壁钢管等高效能结构钢材和高效功能材料为主，以各类高效装饰连接材料为辅组装而成，以填充墙为围护结构的一种住宅。轻钢结构体系的建筑从承重的钢骨架到填充墙体一般在工厂预制，并在现场装配完成。

轻钢结构住宅的钢骨架结构一般由厂家设计，现场施工，在施工和使用过程中防腐和防锈蚀得当的情况下，轻钢构件的使用寿命可以很长。

轻钢结构骨架施工要点

①钢构件的防腐处理：大部分在工厂制作时完成，可分为除锈→涂底漆→中层漆→面漆几个工序来完成，东北严寒地区比较干燥，可增加底漆一道，干膜厚度达到 0.07 ~ 0.08mm，取消中间漆。

②钢构件防火处理：可分为除锈（抛丸 / 喷砂）→涂底漆→中间漆→涂防火涂料几个施工步骤，东北严寒地区可以省略中间漆。除锈和涂防锈底漆的步骤一般在工厂预制时完成，防火涂料要在施工现场钢结构安装后再进行涂刷。

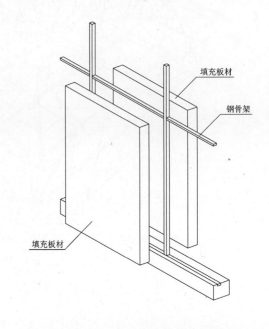

图 2-16　轻钢结构与墙板连接示意图

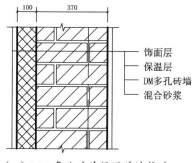

（*a*）DM 多孔砖外保温外墙构造

饰面层
保温层
DM多孔砖墙
混合砂浆

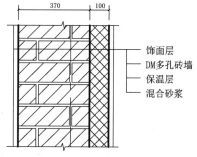

（*b*）DM 多孔砖内保温外墙构造

饰面层
DM多孔砖墙
保温层
混合砂浆

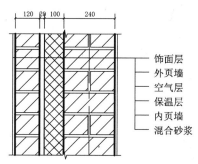

（*c*）DM 多孔砖夹心保温外墙构造

饰面层
外页墙
空气层
保温层
内页墙
混合砂浆

图 2-17 DM 多孔砖保温外墙构造

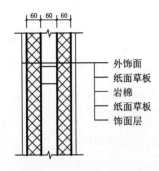

图 2-18　纸面草板保温外墙构造

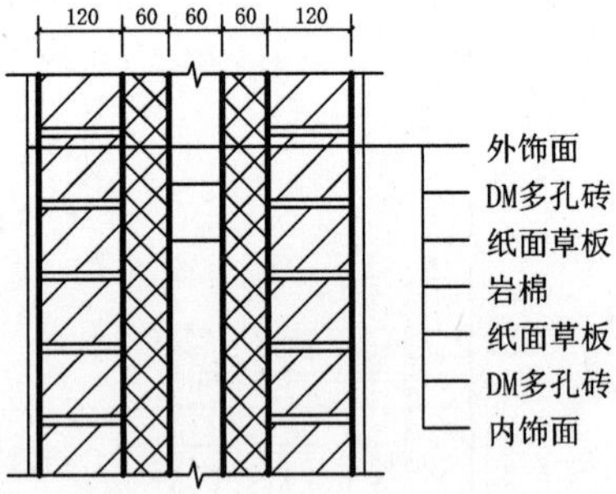

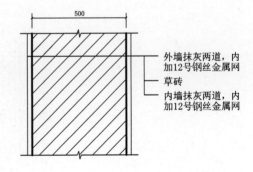

图 2-19　DM 多孔砖纸面草板夹心保温外墙构造

轻钢结构墙体构造

填充墙体的选择及其特点

　　轻钢结构住宅的填充墙体应该采用自重轻、强度高的材料。在严寒地区村镇绿色住宅建造中，应该综合考虑节材、节能等因素，提倡选择以可再生材料或者农作物余料等为主材的墙体材料，其中 DM 多孔砖、草砖和纸面草板等材料较合适。

　　①DM 多孔砖具有孔洞率高、内掺废渣量大、强度高、保护耕地的特点，可选用 EPS 保温材料或秸秆保温材料做保温层。

　　②草砖是利用农作物的秸秆等材料，经过挤压，由金属网捆绑、压制而成的。草砖墙体重量轻，冬暖夏凉，保温、隔声、透气性能比较好。

　　③纸面草板是以洁净的天然稻草或麦秸为原料，经加热挤压成型，并经外表粘贴面纸而成的一种轻型建筑板材。纸面草板强度高，可直接用做墙板材料，施工时将纸面草板固定在钢结构骨架上，再在其表面做饰面层。此外，可在纸面草板外加砌多孔砖墙，做成清水墙面或传统墙饰面，并能进一步提高墙体的热工性能。

图 2-20　草砖墙体构造

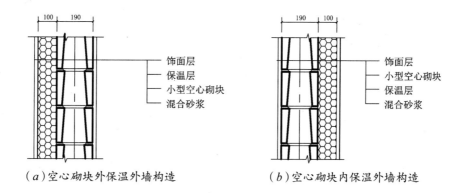

（a）空心砌块外保温外墙构造

饰面层
保温层
小型空心砌块
混合砂浆

（b）空心砌块内保温外墙构造

饰面层
小型空心砌块
保温层
混合砂浆

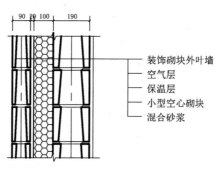

（c）空心砌块夹心保温外墙构造

装饰砌块外叶墙
空气层
保温层
小型空心砌块
混合砂浆

图 2-21　空心砌块保温外墙构造

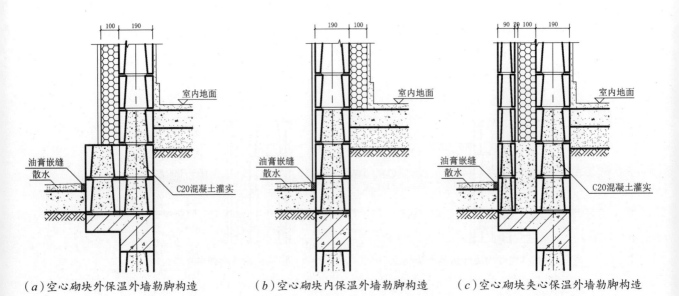

（a）空心砌块外保温外墙勒脚构造　　　（b）空心砌块内保温外墙勒脚构造　　　（c）空心砌块夹心保温外墙勒脚构造

图 2-22　空心砌块保温外墙勒脚构造

砌块填充墙体构造

砌块填充墙体施工要点

①砌块在砌筑前一天，应在其砌筑面上充分浇水，并在砌筑当天，再浇水一次，水渗入深度在 8 ~ 10mm 为宜。

②砌筑灰缝尺寸水平缝为 15mm，垂直缝为 15 ~ 20mm，要求砂浆饱满，严禁用水灌缝。

③砌块上下皮搭接长度不宜小于砌块长度的 1/3。

④要求内外墙同时砌筑，如果有困难时，可采用留浆式、斜缝。

⑤砌块要求几何尺寸正确，楞角方整，对局部损坏的砌块，须切锯整齐后方可使用。

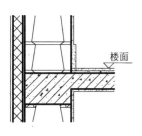

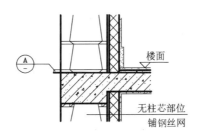

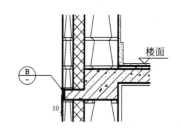

图 2-23　外保温砌块外墙圈梁构造　　　图 2-24　内保温砌块外墙圈梁构造　　　图 2-25　夹心保温砌块外墙圈梁构造

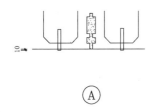

Ⓐ

d=10塑料管内穿麻绳
外墙每层圈梁上水平
灰缝内设泄水口

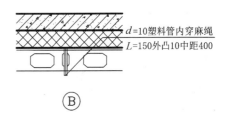

Ⓑ

夹心保温外墙每层圈梁
挑土口竖缝设泄水口

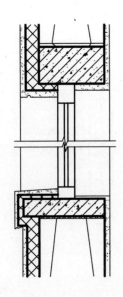

图 2-26　外墙外保温窗口构造

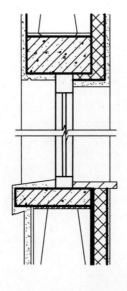

图 2-27　外墙内保温窗口构造

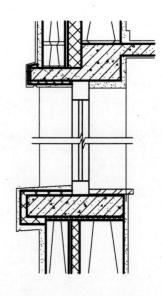

图 2-28　外墙夹心保温窗口构造

轻钢结构墙体构造

砌块保温外墙圈梁施工要点

　　①为了保证砌体的稳定性，应在砌体顶部或底部用钢筋混凝土浇灌构造封闭的圈梁。

　　②圈梁采用钢筋混凝土，其厚度一般同墙厚，在寒冷地区可略小于墙厚，但不宜小于墙厚的2/3，高度不小于120mm。

　　③圈梁施工工艺流程：制作胎膜→基层清理→钢筋绑扎、插筋→模板支设→混凝土浇筑→拆模。

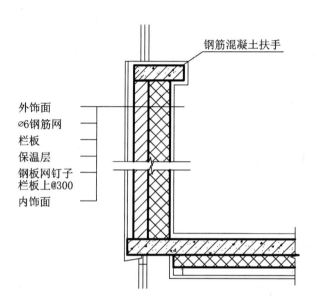

外饰面
∅6钢筋网
栏板
保温层
钢板网钉子
栏板上@300
内饰面

钢筋混凝土扶手

图 2-29　保温阳台构造

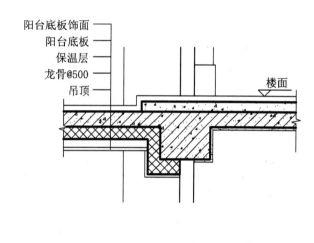

阳台底板饰面
阳台底板
保温层
龙骨@500
吊顶

楼面

图 2-30　阳台底板保温构造

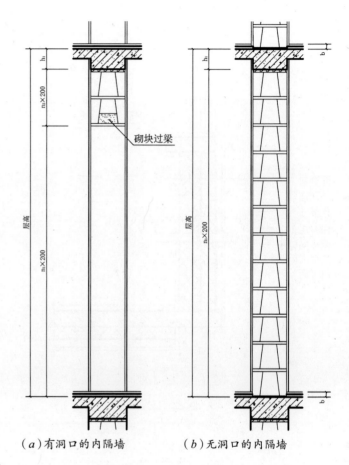

（a）有洞口的内隔墙　　　　（b）无洞口的内隔墙

图2-31　砌块内隔墙构造

轻钢结构墙体构造

砌块内隔墙组砌参考表

层高（m）	组砌皮数	圈梁高 h_1（mm）
2.7	12	300
2.8	13（12）	200（400）
2.9	13	300
3.0	14（13）	200（400）
3.2	15（14）	200（400）
3.3	15	300
3.4	16（15）	200（400）
3.5	16	300
3.6	17（16）	200（400）

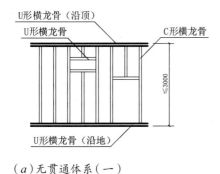

（a）无贯通体系（一）

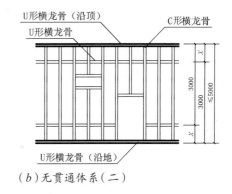

（b）无贯通体系（二）

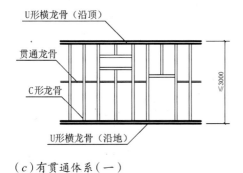

（c）有贯通体系（一）

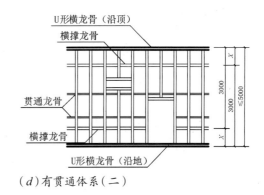

（d）有贯通体系（二）

图 2-32　轻钢龙骨隔墙立面示意图

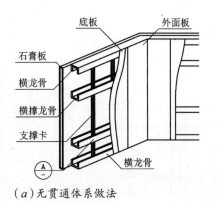

（a）无贯通体系做法

（b）横撑龙骨做法

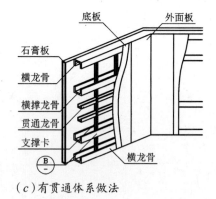

（c）有贯通体系做法

轻钢结构墙体构造

　　轻钢龙骨石膏板隔墙主要采用的是轻钢龙骨材料，这种材料质量轻、强度高、耐久性强、耐腐蚀、防潮防水性能好。材料可回收，属于绿色的建造方式，因为其经济性较好，所以适合村镇建筑使用。

　　轻钢龙骨石膏板隔墙厚度一般为 100mm，可采用 75mm 轻钢龙骨，饰面可选择 12mm 厚纸面石膏板、装饰石膏板等轻质板材，可采用隔声棉。管线可预先设计并埋设。

主要材料及配件要求

　　①轻钢龙骨主件：沿顶龙骨、沿地龙骨、加强龙骨、竖向龙骨、横向龙骨应符合设计要求。

　　②轻钢骨架配件：支撑卡、卡托、角托、连接件、固定件、附墙龙骨、压条等附件应符合设计要求。

　　③紧固材料：射钉、膨胀螺栓、镀锌自攻螺栓、木螺栓和粘结嵌缝料应符合设计要求。

　　④填充隔声材料：可根据房间隔声要求选择填充隔声棉等隔声材料。

　　⑤饰面板材：纸面石膏或装饰石膏板，规格、厚度根据设计需要选择。

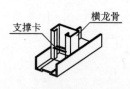

（d）支撑卡

图 2-33　轻钢龙骨隔墙轴侧示意图

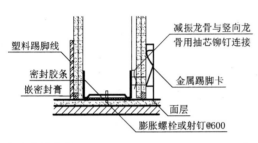

（a）减震龙骨

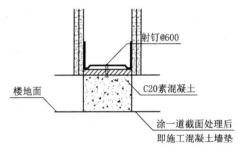

（b）预留踢脚

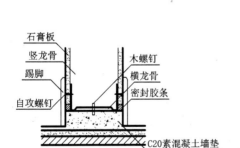

（c）填充底龙骨

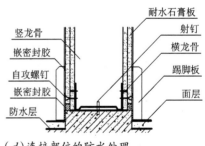

（d）连接部位的防水处理

图 2-34　轻钢龙骨石膏板与地面连接构造

轻钢龙骨隔墙与其他墙体连接构造

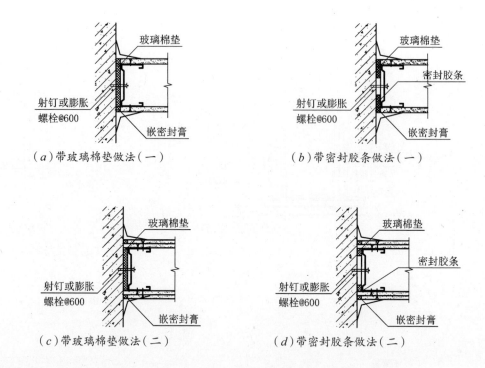

（a）带玻璃棉垫做法（一）　　　　　　（b）带密封胶条做法（一）

（c）带玻璃棉垫做法（二）　　　　　　（d）带密封胶条做法（二）

图 2-35　轻钢龙骨隔墙与其他墙体连接构造

轻钢结构墙体构造

轻钢龙骨布置要点

①隔墙以 3000mm 长石膏板为例，当隔墙高度超过 3000mm 时，应该在距底部和顶部超过 3000mm 处假设横撑龙骨或平行接头。

②如选择 2400mm 长石膏板，横撑龙骨应设在 2400 mm 处。竖龙骨中增加支撑卡，有利于增加龙骨强度，防止安装石膏板使龙骨变形。

③U 形横龙骨的翼缘应剪开并切断，用拉铆钉固定在竖向龙骨上，形成横撑龙骨，拉铆钉距竖龙骨边缘 15～20mm。

④竖龙骨应加设支撑卡，用于竖龙骨加强，间距宜≤600 mm。

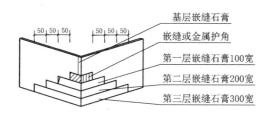

基层嵌缝石膏
嵌缝或金属护角
第一层嵌缝石膏100宽
第二层嵌缝石膏200宽
第三层嵌缝石膏300宽

（a）墙面阳角接缝处理

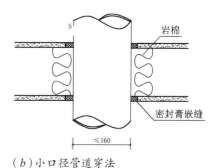

岩棉
密封膏嵌缝

（b）小口径管道穿法

基层嵌缝石膏
嵌缝或金属护角
第一层嵌缝石膏100宽
第二层嵌缝石膏200宽
第三层嵌缝石膏300宽

（c）墙面阴角接缝处理

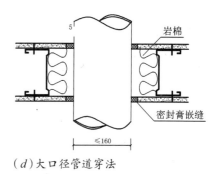

岩棉
密封膏嵌缝

（d）大口径管道穿法

图2-36　轻钢龙骨石膏板隔墙阴角、阳角及穿管道构造

轻钢龙骨墙体与 T 形、L 形和十字形及端墙节点构造

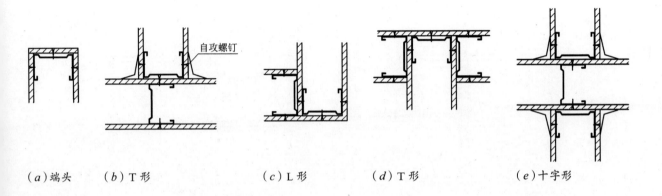

(a) 端头　　(b) T 形　　　　　(c) L 形　　　　(d) T 形　　　　(e) 十字形

图 2-37　轻钢龙骨石膏板隔墙与 T 形、L 形及端墙节点构造

轻钢结构墙体构造

轻钢龙骨隔墙转角接缝处理

①纸面石膏板安装时，其接缝处应适当留缝（一般 3～6mm），并必须坡口与坡口相接。接缝内浮土清除干净后，刷一道 50% 浓度的 108 胶水溶液。

②用小刮刀把 WKF 接缝腻子嵌入板缝，板缝要嵌满嵌实，与坡口刮平。待腻子干透后，检查嵌缝处是否有裂纹产生，如产生裂纹要分析原因，并重新嵌缝。

③在接缝坡口处刮约 1mm 厚的 WKF 腻子，然后粘贴玻纤带，压实刮平。

④当腻子开始凝固又尚处于潮湿状态时，再刮一道 WKF 腻子，将玻纤带埋入腻子中，并将板缝填满刮平。

⑤阳角则粘贴两层玻纤布条，角两边均拐过 100mm，粘贴方法同平缝处理，表面亦用 WKF 腻子刮平。

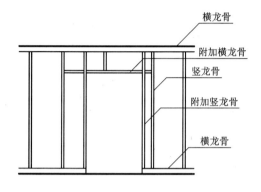

图 2-38　门口龙骨布置立面示意图

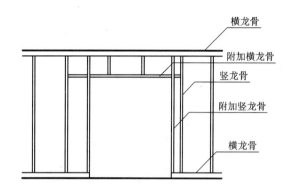

图 2-39　加宽门口龙骨布置立面示意图

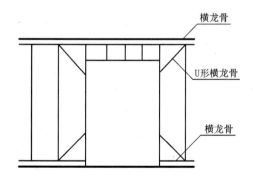

图 2-40　门洞口斜拉撑加强示意图

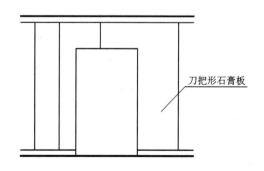

图 2-41　门口石膏板立面示意图

轻钢龙骨隔墙与木门框连接构造

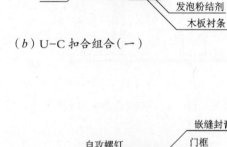

（b）U–C扣合组合（一）

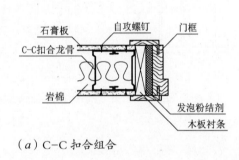

（a）C–C扣合组合

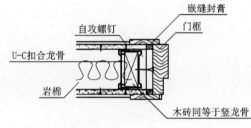

（c）U–C扣合组合（二）

轻钢结构墙体构造

轻钢龙骨隔墙门口施工要点

　　①安装常规木质成品门及门套的，可以在门洞两侧及顶面先固定多层板或木工板，然后再用发泡剂固定门套，最后安装木门。

　　②安装超常规超重的实心或实木的门及门套时，可以在门洞两侧及顶面用槽钢或矩形钢管焊接成门洞样式，将钢门框固定在地面预埋件或用膨胀螺栓固定的钢板上，最后再安装门及门套。

　　③如果安装无框玻璃门，则在门洞边固定槽钢，用来固定天地夹，地弹簧预埋在地面，等门框饰面完成后再固定玻璃门。

图2-42　轻钢龙骨隔墙与木门框连接构造

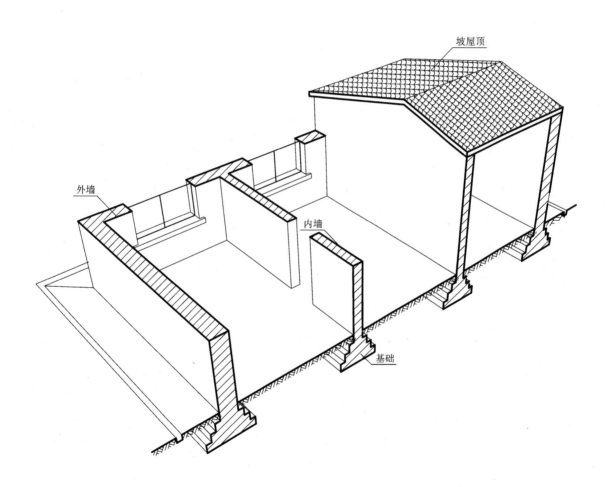

坡屋顶

外墙

内墙

基础

图 2-43　生土结构房屋构造示意图

生土墙体构造

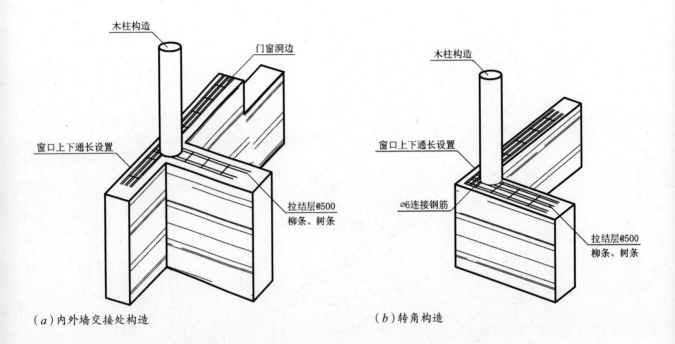

（a）内外墙交接处构造   （b）转角构造

图 2-44　生土墙体构造轴测示意图

生土墙体构造

生土墙体的特点

采用土质材料承重的传统民居一般称为生土建筑。这种民居屋盖多采用硬山、悬山搁檩，檩上搁置木缘子的屋盖承重体系，可以起到承担屋顶上各种荷载，并将其传递给生土墙或木柱的作用。

生土建筑具有可以就地取材、易于施工、便于自建、造价低廉、冬暖夏凉、节约能源、耗水量小，有利于生态平衡，不产生工业废料，不释放有毒有害物质等优点，是传统农村最常见的结构类型。

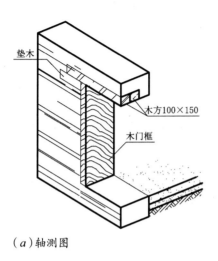

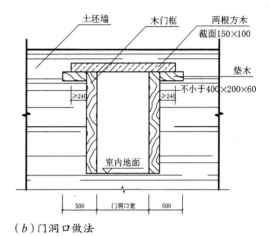

（a）轴测图

（b）门洞口做法

图2-45　生土墙体门洞口构造

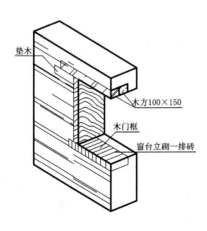

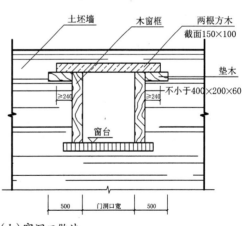

（a）轴测图

（b）窗洞口做法

图2-46　生土墙体窗洞口构造

生土墙体拉结节点构造

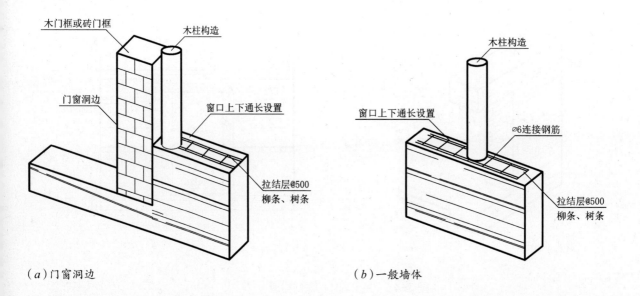

（a）门窗洞边　　　　　　　　　　（b）一般墙体

图 2-47　生土墙体拉结节点构造

生土墙体构造

生土墙体门窗洞口的施工要点

　　①承重墙体门窗洞口的宽度不应大于 1.5m。内外墙体应同时分层交错夯筑。

　　②门窗洞口宜采用木过梁；当过梁由多根木杆组成时，宜采用木板、扒钉、钢丝等将各根木杆连接成整体。

叁

楼地面构造

概述

楼地面的组成

楼地面是楼面和地面的统称，一般由面层、结构层和基层组成。地面构造一般为面层、垫层和基层；楼层地面构造一般为面层、附加层和楼板。东北严寒地区村镇绿色建筑的楼地面包括以下构造层次。

1．面层

楼地面的面层主要起满足功能要求和装饰的作用，同时对结构层起保护作用。面层要具有耐磨、美观、装饰性等特点，可选择水泥砂浆、水磨石面层、细石混凝土、铺砖、天然石材、木地板等。

2．结构层

地层中起结构承重作用的主要构造层次是垫层，适合村镇建筑的垫层可采用三合土和素混凝土等。楼层地面的结构层是楼板，它是分隔建筑空间的水平承重构件。它把作用于其上面的荷载传递给承重的墙、梁和柱等，同时对墙体起水平支撑和加强结构整体性的作用。村镇住宅可选用预制混凝土空心楼板或压型钢板混凝土楼板，也可采用架空木地板。

3．基层

基层是地面中支撑垫层的土壤，也称地基，村镇建筑一般采用素土夯实的做法。

4．附加层

附加层是在上述基本构造层次不能满足要求时使用，附加层可根据需要设结合层、保温层、防水层、隔离层、填充层、找平层等。

楼地面的分类

1．整体性楼地面

整体性楼地面是指在较大面积内一次浇筑同一种材料而成的楼地面层。面层按材料不同，可分为水泥砂浆面层、水磨石面层、细石混凝土面层等。

2．块材铺装楼地面

块材铺装楼地面是在结构层完成后用块状材料铺砌而成的楼地面形式。面层按材料不同，包括黏土砖、水泥砖、预制混凝土块等砖铺面层；缸砖、地面砖及陶瓷锦砖面层；天然石材面层等。

3．木地板

木地板按构造方式一般有架空式木地板、实铺木地板和粘贴木地板三种，其中，从节能的角度考虑，可以选择架空木地板作为村镇住宅的地面。

楼地面的性能要求

1．安全

地层是建筑物底层室内地面与土壤接触的构件，它把其上的荷载传递给地基。地层是受压构件，应满足在各种荷载的作用下不被破坏、不变形的要求。

楼板层在结构上应该具有足够的强度，以保证在各种荷载下安全可靠而且不被破坏，同时应具有足够的刚度，以保证在允许荷载作用下不发生超过规定的变形。所以，在结构、构造设计及材料选择等方面要满足上述要求，以保证建筑物和使用者的安全。

2．保温

在东北严寒地区的村镇住宅中，地面的保温是节能设计不可忽视的环节，可在垫层下做炉渣或在垫层上铺设保温材料。楼板层的上下通常均为室内空间，因此不需要做保温处理。

3．防潮防水

地面与土壤直接接触，土壤中的潮气易浸湿地面层，所以地面要满足防潮要求。在无特殊要求的情况下，在地面垫层中采用 C15 素混凝土，防潮要求高的则可采用防水卷材。楼面的防水亦采用 C15 细石混凝土，要求较高的房间（如卫生间）可用防水砂浆或卷材做防水层，但对于悬挑出去的楼板或阳台则必须做保温处理。

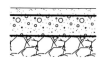

1. 20 厚 1 : 2.5 水泥砂浆
2. 60 厚 C15 混凝土垫层
3. 150 厚碎石夯入土中

1. 40 厚 C20 细石混凝土
2. 60 厚 C15 混凝土垫层
3. 150 厚碎石夯入土中

1. 20 厚 1 : 2.5 水泥砂浆
2. 60 厚 C15 混凝土垫层
3. 150 厚粒径 5 ~ 32 卵石灌 M2.5
混合砂浆振捣密实或 3 : 7 灰土
4. 素土夯实

1. 40 厚 C20 细石混凝土
2. 60 厚 C15 混凝土垫层
3. 150 厚粒径 5 ~ 32 卵石灌 M2.5
混合砂浆振捣密实或 3 : 7 灰土
4. 素土夯实

图 3-1　水泥砂浆地面构造

图 3-2　细石混凝土地面构造

1. 15 厚 1 : 2.5 水泥砂浆
2. 35 厚 C20 细石混凝土
3. 1.5 厚聚氨酯防水层或 2 厚聚合
物水泥基防水涂料
4. 1 : 3 水泥砂浆或最薄处 30 厚
C20 细石混凝土找坡层抹平
5. 水泥浆一道
6. 60 厚 C15 混凝土垫层
7. 150 厚碎石夯入土中

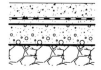

1. 40 厚 C20 细石混凝土
2. 1.5 厚聚氨酯防水层或 2 厚聚合物
水泥基防水涂料
3. 1 : 3 水泥砂浆或最薄处 30 厚
C20 细石混凝土找坡层抹平
4. 水泥浆一道
5. 60 厚 C15 混凝土垫层
6. 150 厚碎石夯入土中

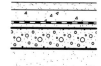

1. 15 厚 1 : 2.5 水泥砂浆
2. 35 厚 C20 细石混凝土
3. 1.5 厚聚氨酯防水层或 2 厚聚合
物水泥基防水涂料
4. 1 : 3 水泥砂浆或最薄处 30 厚
C20 细石混凝土找坡层抹平
5. 水泥浆一道
6. 60 厚 C15 混凝土垫层
7. 150 厚粒径 5 ~ 32 卵石灌 M2.5
混合砂浆振捣密实或 3 : 7 灰土
8. 素土夯实

1. 40 厚 C20 细石混凝土
2. 1.5 厚聚氨酯防水层或 2 厚聚合物
水泥基防水涂料
3. 1 : 3 水泥砂浆或最薄处 30 厚
C20 细石混凝土找坡层抹平
4. 水泥浆一道
5. 60 厚 C15 混凝土垫层
6. 150 厚粒径 5 ~ 32 卵石灌 M2.5
混合砂浆振捣密实或 3 : 7 灰土
7. 素土夯实

图 3-3　水泥砂浆地面构造（有防水层）

图 3-4　细石混凝土地面构造（有防水层）

1. 面层
2. 20 厚 1：3 干硬性水泥砂浆结合层
3. 水泥砂浆一道
4. 60 厚细石混凝土
5. 0.2 厚真空镀铝聚酯薄膜
6. 20 厚聚苯板乙烯泡沫板
7. 1.5 厚聚氨酯涂料防潮层
8. 20 厚 1：3 找平层
9. 60 厚 C15 混凝土垫层
10. 素土夯实

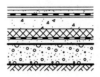

1. 面层
2. 20 厚 1：3 干硬性水泥砂浆结合层
3. 1.5 厚聚氨酯涂料防水层
4. 60 厚细石混凝土
5. 0.2 厚真空镀铝聚酯薄膜
6. 20 厚聚苯板乙烯泡沫板
7. 1.5 厚聚氨酯涂料防潮层
8. 20 厚 1：3 找平层
9. 60 厚 C15 混凝土垫层
10. 150 厚碎石夯入土中

1. 面层
2. 20 厚 1：3 干硬性水泥砂浆结合层
3. 1.5 厚聚氨酯涂料防水层
4. 60 厚细石混凝土
5. 0.2 厚真空镀铝聚酯薄膜
6. 20 厚聚苯板乙烯泡沫板
7. 1.5 厚聚氨酯涂料防潮层
8. 20 厚 1：3 找平层
9. 60 厚 C15 混凝土垫层
10. 素土夯实

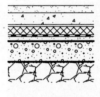

1. 面层
2. 20 厚 1：3 干硬性水泥砂浆结合层
3. 水泥砂浆一道
4. 60 厚细石混凝土
5. 0.2 厚真空镀铝聚酯薄膜
6. 20 厚聚苯板乙烯泡沫板
7. 1.5 厚聚氨酯涂料防潮层
8. 20 厚 1：3 找平层
9. 60 厚 C15 混凝土垫层
10. 150 厚粒径 5～32 卵石灌 M2.5
混合砂浆振捣密实或 3：7 灰土
11. 素土夯实

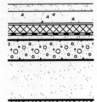

1. 面层
2. 20 厚 1：3 干硬性水泥砂浆结合层
3. 水泥砂浆一道
4. 60 厚细石混凝土
5. 0.2 厚真空镀铝聚酯薄膜
6. 20 厚聚苯板乙烯泡沫板
7. 1.5 厚聚氨酯涂料防潮层
8. 20 厚 1：3 找平层
9. 60 厚 C15 混凝土垫层
10. 150 厚碎石夯入土中

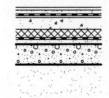

1. 面层
2. 20 厚 1：3 干硬性水泥砂浆结合层
3. 1.5 厚聚氨酯涂料防水层
4. 60 厚细石混凝土
5. 0.2 厚真空镀铝聚酯薄膜
6. 20 厚聚苯板乙烯泡沫板
7. 1.5 厚聚氨酯涂料防潮层
8. 20 厚 1：3 找平层
9. 60 厚 C15 混凝土垫层
10. 150 厚粒径 5～32 卵石灌 M2.5
混合砂浆振捣密实或 3：7 灰土
11. 素土夯实

图 3-5　采暖地面构造

1. 20 厚 C20 细石混凝土
2. 现浇钢筋混凝土楼板或
预制楼板现浇叠合层

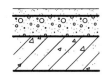

1. 20 厚 C20 细石混凝土
2. 60 厚 LC7.5 轻骨料混凝
土填充层
3. 现浇钢筋混凝土楼板或
预制楼板现浇叠合层

图 3-6　楼面构造

1. 15 厚 1：2.5 水泥砂浆
2. 35 厚 C20 细石混凝土
3. 1.5 厚聚氨酯防水层或 2 厚聚合
物水泥基防水涂料
4. 1：3 水泥砂浆或最薄处 30 厚
C20 细石混凝土找坡层抹平
5. 水泥浆一道
6. 现浇钢筋混凝土楼板

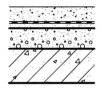

1. 15 厚 1：2.5 水泥砂浆
2. 35 厚 C20 细石混凝土
3. 1.5 厚聚氨酯防水层或 2 厚聚合
物水泥基防水涂料
4. 1：3 水泥砂浆或最薄处 30 厚
C20 细石混凝土找坡层抹平
5. 60 厚 LC7.5 轻骨料混凝土
填充层
6. 现浇钢筋混凝土楼板

图 3-7　防水楼面构造

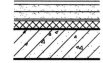

1. 面层
2. 20 厚 1：3 干硬性水泥砂浆结合层
3. 水泥砂浆
4. 40 厚 C20 细石混凝土，内配
ϕ4 @150 钢丝网片
5. 0.2 厚聚乙烯膜浮铺
6. 聚苯板保温层
7. 0.2 厚聚乙烯膜浮铺
8. 现浇钢筋混凝土楼板或预制楼板
现浇叠合层

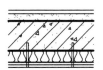

1. 面层
2. 钢筋混凝土楼板
3. 玻璃棉板保温层干密度 ≥ 100kg/m³
4. 吊顶

图 3-8　保温楼面构造

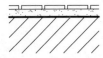 1. 8～10 厚地砖，干水泥擦缝
2. 20 厚 1：3 干硬性水泥砂浆
结合层
3. 楼板层

图 3-9　地砖楼地面构造

 1. 20 厚竹木地板
2. 30×40 木龙骨 @400 架空
3. 20 厚 1：2.5 水泥砂浆找平
4. 楼板层

图 3-10　竹木弹性地板楼地面构造

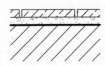 1. 20 厚石板材，干水泥擦缝
2. 20 厚 1：3 干硬性水泥砂浆
结合层
3. 楼板层

图 3-11　石材楼地面构造

 1. 13 厚木地板
2. 20 厚 1：2.5 水泥砂浆找平
3. 楼板层

图 3-12　木地板楼地面构造

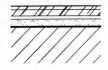 1. 4～8 厚软木地板
2. 18 厚木毛地板 45° 斜铺，水
泥钉固定
3. 20 厚 1：3 干硬性水泥砂浆
结合层
4. 楼板层

图 3-13　双层软木楼地面构造

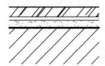 1. 10 厚企口强化复合地板
2. 3～5 厚泡沫塑料衬垫
3. 20 厚 1：2.5 水泥砂浆找平
4. 楼板层

图 3-14　强化复合木地板楼地面构造

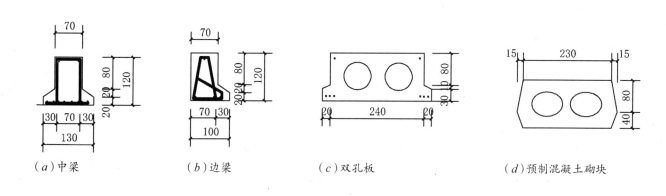

（a）中梁　　　　（b）边梁　　　　（c）双孔板　　　　（d）预制混凝土砌块

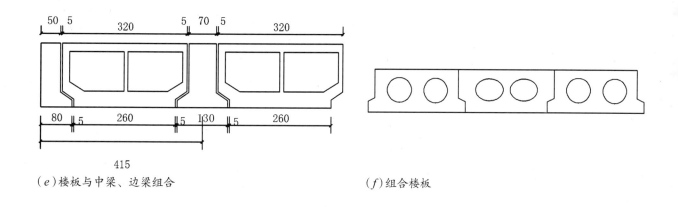

（e）楼板与中梁、边梁组合　　　　（f）组合楼板

图 3-15　预制钢筋混凝土空心楼板构造

预制钢筋混凝土空心楼板板缝处理

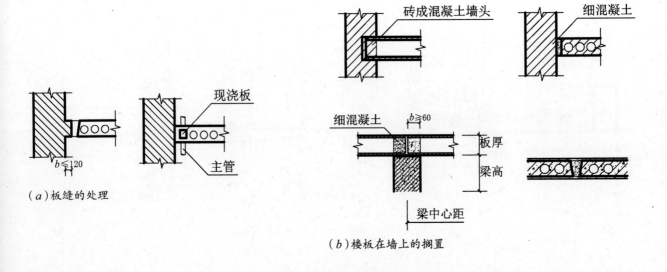

（a）板缝的处理

（b）楼板在墙上的搁置

图 3-16 预制钢筋混凝土楼板板缝处理

钢筋混凝土楼板构造

空心楼板特点及板缝处理

空心楼板是将平板沿纵向抽孔而成。孔的断面有圆形、方形、长方形和长圆形等，其中以圆孔板最为常见。空心楼板具有自重小、用料少、强度高、经济等优点，因而在大量的建筑中被广泛采用。

①当缝隙小于 60mm 时，可调节板缝（使其 ≤ 30mm，灌 C20 细石混凝土），当缝隙在 60 ~ 120mm 之间时，可在灌缝的混凝土中加配 2φ6 通长钢筋。

②当缝隙在 120 ~ 200mm 之间时，设现浇钢筋混凝土板带，且将板带设在墙边或有穿管的部位。

③当缝隙大于 200mm 时，可调整板的规格。

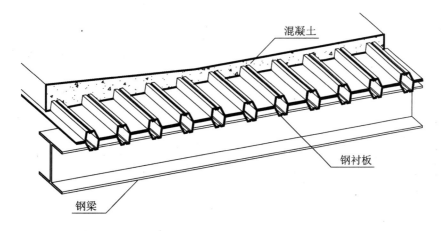

图 3-17　双楔形板组成的孔格式组合楼板

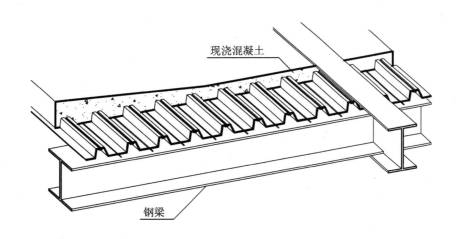

图 3-18　楔形板与平板组成的孔格式组合楼板

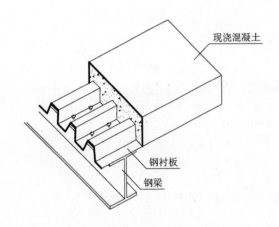

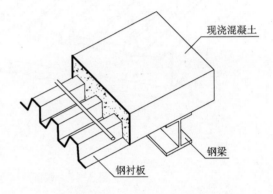

压型钢板组合楼板构造

压型钢板混凝土楼板的施工周期短，能够节省施工人力，并且压型钢板组合楼板的现场作业较为方便，建筑整体性优于预制装配楼面。能适应钢结构快速的施工要求，能够节省钢筋、混凝土的使用。该楼板的缺陷便是它需多道小梁，楼层所占净高较大，并且它还需要钢板板底做防火处理。

施工工艺步骤

①压型钢板加工；

②切割、割孔和局部处理；

③压型钢板铺设；

④压型钢板临时支撑；

⑤栓钉焊接；

⑥浇筑混凝土。

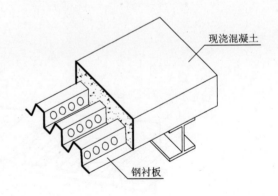

图 3-19　压型钢板组合楼板构造

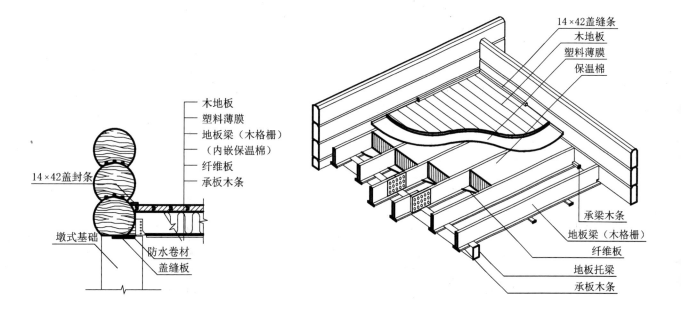

木地板
塑料薄膜
地板梁（木格栅）
（内嵌保温棉）
纤维板
承板木条

14×42盖封条

墩式基础

防水卷材
盖缝板

14×42盖缝条
木地板
塑料薄膜
保温棉

承梁木条
地板梁（木格栅）
纤维板
地板托梁
承板木条

图 3-20　架空地面墩式基础　　　　　　　　图 3-21　楼盖构造示意图

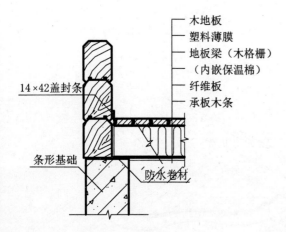

14×42盖封条

条形基础

防水卷材

木地板
塑料薄膜
地板梁（木格栅）
（内嵌保温棉）
纤维板
承板木条

图 3-22　架空地面条形基础

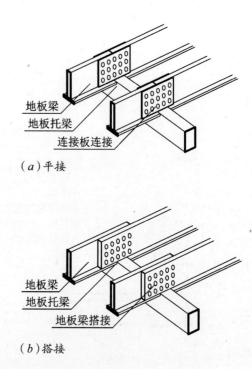

地板梁
地板托梁
连接板连接

（a）平接

地板梁
地板托梁
地板梁搭接

（b）搭接

图 3-23　木条连接示意图

木楼板构造

木楼板的构造特点

木楼板安装在由墙或梁支撑的木格栅上，木楼板有自重轻、保温性能好、舒适、有弹性、节约钢材和水泥等优点。但也有易燃、易腐蚀、易被虫蛀、耐久性差等缺陷。

木地板框架通常主要由木格栅，I型龙骨或者平行弦杆桁架沿着地基墙体周长由室内的梁和柱来支撑的结构，承重的墙骨还有砖石墙或混凝土墙，也可以用于结构内部地板格栅的支撑。

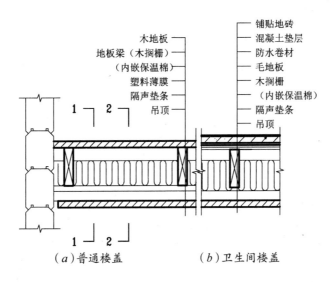

铺贴地砖
混凝土垫层
防水卷材
毛地板
木搁栅
（内嵌保温棉）
隔声垫条
吊顶

木地板
地板梁（木搁栅）
（内嵌保温棉）
塑料薄膜
隔声垫条
吊顶

（a）普通楼盖   （b）卫生间楼盖

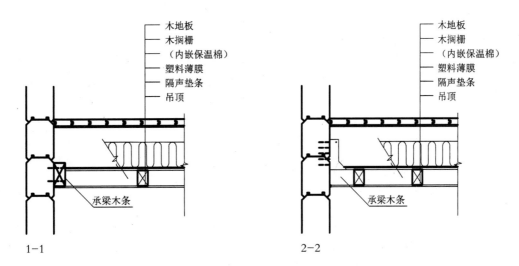

木地板
木搁栅
（内嵌保温棉）
塑料薄膜
隔声垫条
吊顶

承梁木条

1-1

木地板
木搁栅
（内嵌保温棉）
塑料薄膜
隔声垫条
吊顶

承梁木条

2-2

图 3-24　楼盖与楼盖开洞构造

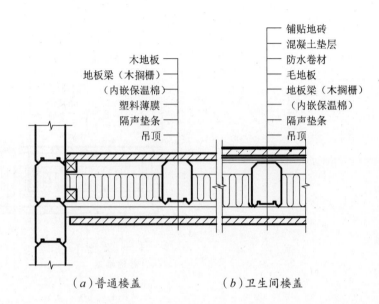

木地板
地板梁（木搁栅）
（内嵌保温棉）
塑料薄膜
隔声垫条
吊顶

铺贴地砖
混凝土垫层
防水卷材
毛地板
地板梁（木搁栅）
（内嵌保温棉）
隔声垫条
吊顶

（a）普通楼盖　　　　（b）卫生间楼盖

木楼板构造

楼盖和楼盖开洞施工工艺步骤

①地坪保护（楼板清理）；

②支架搭设；

③铺设防护层（模板）；

④水磨钻大面开孔；

⑤局部人工凿打；

⑥焊接以及钢筋制作安装；

⑦模板制作安装加固；

⑧混凝土浇筑；

⑨混凝土养护；

⑩模板支架拆除；

⑪场地清理。

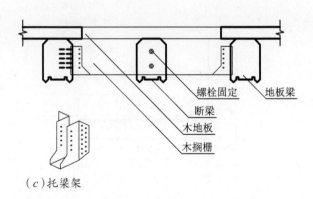

螺栓固定
地板梁
断梁
木地板
木搁栅

（c）托梁架

图 3-25　楼盖与楼盖开洞

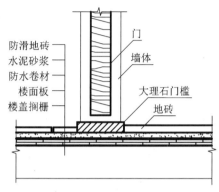

（a）防滑地砖面层（大理石门槛）

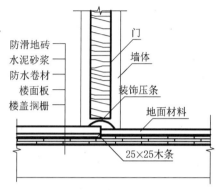

（b）防滑地砖面层（装饰压条门槛）

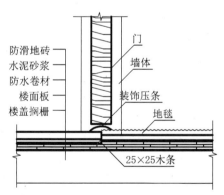

（c）防滑地砖接地毯面层

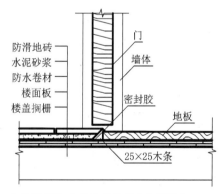

（d）防滑地砖接地板面层（无门槛）

图3-26 室内门洞处楼地面构造

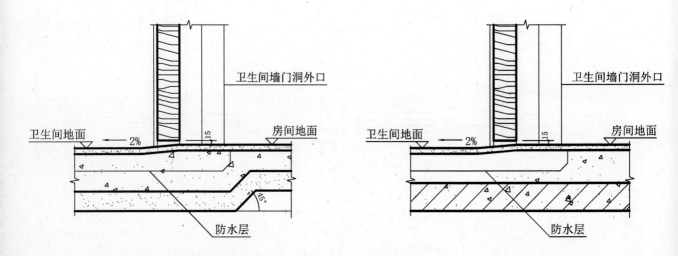

图 3-27 卫生间地面构造

面层构造

常用地面防水构造方案

采用现浇钢筋混凝土地面时常用的地面防水构造分柔性防水和刚性防水。

①刚性防水构造做法由楼地面往上依次为：现浇混凝土楼地面→水泥砂浆找平找坡→刚性防水材料→地面砖和地面及粘结层。

②柔性防水构造方案做法由楼地面往上依次为：现浇混凝土楼地面→水泥砂浆找平找坡→柔性防水涂料（表面撒砂粒）→水泥砂浆保护层→地面砖和地面面层。

肆

屋顶构造

概述

　　屋顶是建筑的最上部的围护结构，主要功能是抵御雨雪、日晒等自然环境的影响，以保证内部空间的良好使用环境，其中防水、排水、保温或隔热则是屋顶设计中必须解决的主要问题。屋顶也是建筑的承重结构，承担自重及风雨雪荷载、施工荷载及上人屋面的荷载，并对房屋上部起水平支撑作用，所以应具有足够的强度和刚度，并应防止因结构变形引起的屋面防水层开裂漏雨。此外，作为建筑体量的一部分，屋顶又是建筑形式的重要符号，对建筑造型有重要影响，所以屋顶及其细部设计都是屋顶设计中不可忽视的内容。

屋顶的组成

　　屋顶一般由屋面和承重结构两部分组成，屋面是屋顶的上被盖层，起围护、保温、隔声、抗渗和排水的作用，包括保温层、隔热层、防水层等不同层次。坡屋顶屋面的种类根据瓦的种类而定，如块瓦屋面、油毡瓦屋面、块瓦形钢板、彩瓦屋面等。承重结构主要承受屋面荷载并把它传递到墙或柱上，一般有椽子、檩条、屋架或大梁等，目前基本采用屋架或现浇钢筋混凝土板。

屋顶的类型

　　根据屋顶的形式和坡度，村镇建筑中常用的屋顶类型有平屋顶和坡屋顶两种。

1．平屋顶

　　平屋顶通常是指排水坡度小于10%的屋顶，常用坡度为2%～5%。

　　平屋顶施工便捷，造价相对较低，平屋顶可作为室外露台、晒台和屋顶菜园等，利用率比坡屋顶好，近年来发展起来的平屋顶种植技术还能起到保温隔热及调节微气候的作用。平屋顶的屋面需采用柔性或刚性防水。在东北严寒地区，应做成保温屋顶。常用的保温材料有炉渣、泡沫混凝土、水泥膨胀珍珠岩等。

同时，在保温层下设置隔汽层。在檐口和顶部设进出气口，作为排潮措施，并可防止油毡起鼓。屋面要有一定的坡度排水，可以用结构找坡，或者用保温层找坡。

2. 坡屋顶

坡屋顶通常是指屋面坡度大于 10% 的屋顶。

由于地域气候原因，东北村镇建筑较多使用坡屋顶，形成了独特的具有风貌特色的建筑形式。坡屋顶主要有双坡式和四坡式，坡度根据地区的降水量等因素确定。村镇住宅中坡屋顶常见的支撑结构形式有山墙承重和屋架承重，屋面材料可根据结构、坡度、外观、防水和施工要求综合考虑进行选取。坡屋顶的保温形式有屋面保温和顶棚保温两种方式，如在顶棚上面满铺麦秆泥或稻壳进行保温。坡屋顶的排水效果比平屋顶好，可以沿屋面自由下落，也可以在屋檐设置檐沟汇集雨水，有组织排放。

屋顶的性能要求

1. 结构安全

屋顶是房屋顶部的承重构件，不但要求承受自重，而且还要承受风、雨、雪、人等活荷载，并将荷载传递给墙、柱等纵向受力构件，同时屋顶还起着对屋面上部的水平支撑作用。因此，屋顶必须有足够的强度和刚度，来保证房屋的结构安全。村镇建筑房屋一般选用梁板式结构和屋架结构等平面结构。

2. 防水

防水是屋顶构造设计必须首要解决的问题，也是保证建筑内部空间能够正常使用的先决条件。首先应选择好屋面防水材料，保证屋顶不产生漏水现象；其次，要组织设计好屋顶的排水坡度，将雨水引向雨水口，以使屋面迅速排除雨水，不产生漏水现象；再次，要组织设计好屋顶的排水坡度，将雨水引向雨水口，以使屋面迅速排除雨水，不产生积水现象。

3. 保温

在严寒地区的冬日里，室内外温差大，为了防止室内热量损失，屋顶应具有良好的保温性能。

屋顶的排水

为了迅速排除屋面雨水，需合理确定屋顶排水坡度及排水方式。

1. 屋面坡度的选择

屋顶坡度与屋面防水材料尺寸有关，尺寸较小容易产生缝隙渗漏，此时屋面应有较大的排水坡度；如果屋面的防水材料覆盖面积大，接缝少而且严密，屋面的排水坡度就可以小一些。排水坡度还与降雨量大小有关，在降雨量大的地区，屋面渗漏的可能性较大，屋顶的排水坡度应适当加大；反之，屋顶排水坡度则宜小一些。屋顶坡度可通过材料找坡和结构找坡的方法形成。材料找坡是指屋顶坡度由垫坡材料形成，宜为 2%，一般用于坡向长度较小的屋面，可选用水泥炉渣、石灰、炉渣等轻质材料找坡。结构找坡是屋顶结构自身带有排水坡度，平屋顶结构找坡的坡度宜为 3%。

2. 屋顶排水的方式

屋顶排水方式分为无组织排水和有组织排水两种。无组织排水又称自由落水，是指不用天沟、雨水管等导流雨水，屋面雨水直接从檐口滴落至地面的一种排水方式。主要适用于少雨地区或一般低层建筑，相邻屋面高差小于 4m。有组织排水是指雨水经由天沟、雨水管等排水装置被引导至地面或地下管沟的一种排水方式。

（a）保温不上人屋面

1. 20 厚 1 : 2.5 或 M15 水泥砂浆保护层

（设表面分格缝，风格面积宜为 1 ㎡）

2. 防水层（上设隔离层）

3. 20 厚 1 : 3 水泥砂浆找平层

4. 最薄处 30 厚 LC5.0 轻骨料混凝土 2% 找平层

5. 保温隔汽层

6. 1.2 厚聚氨酯防水涂料隔汽层

7. 20 厚 1 : 3 水泥砂浆找平层

8. 钢筋混凝土屋面板

（b）保温上人或不上人均可

1. 40 厚 C20 细石混凝土保护层（内配 φ6 或冷拔 φ4HPB300 级钢筋，双向中距 150，钢筋网片绑扎或电焊）

2. 10 厚低强弱等级砂浆隔离层

3. 防水层（上设隔离层）

4. 20 厚 1 : 3 水泥砂浆找平层

5. 最薄处 30 厚 LC5.0 轻骨料混凝土 2% 找平层

6. 保温隔汽层

7. 钢筋混凝土屋面板

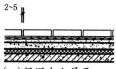
（c）保温上人屋面

1. 铺块材（防滑地砖、水泥砖），干水泥擦缝

2. 10 厚低强弱等级砂浆隔离层

3. 防水层

4. 20 厚 1 : 3 水泥砂浆找平层

5. 最薄处 30 厚 LC5.0 轻骨料混凝土 2% 找坡层

6. 保温隔热层

7. 钢筋混凝土屋面板

（d）保温隔汽上人或不上人均可

1. 40 厚 C20 细石混凝土保护层（内配 φ6 或冷拔 φ4HPB300 级钢筋，双向中距 150，钢筋网片绑扎或电焊）

2. 10 厚低强弱等级砂浆隔离层

3. 防水层（上设隔离层）

4. 20 厚 1 : 3 水泥砂浆找平层

5. 最薄处 30 厚 LC5.0 轻骨料混凝、土 2% 找平层

6. 保温层

7. 1.2 厚聚氨酯防水涂料隔汽层

8. 20 厚 1 : 3 水泥砂浆找平层

9. 钢筋混凝土屋面板

图 4-1　平屋顶构造

（e）保温不上人屋面

1. 种植基质
2. 土工布过滤层
3. 20 高塑料板排水层，凸点向上
4. 40 厚 C20 细石混凝土保护层
5. 10 厚低强弱等级砂浆隔离层
6. 耐根穿刺防水层
7. 防水层
8. 20 厚 1：3 水泥砂浆找平层
9. 最薄处 30 厚 LC5.0 轻骨料混凝土 2% 找平层
10. 保温隔汽层
11. 钢筋混凝土屋面板

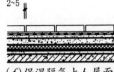

（f）保温隔气上人屋面

1. 铺块材（防滑地砖、水泥砖），干水泥擦缝
2. 10 厚低强弱等级砂浆隔离层
3. 防水层
4. 20 厚 1：3 水泥砂浆找平层
5. 最薄处 30 厚 LC5.0 轻骨料混凝土 2% 找坡层
6. 保温隔热层
7. 1.2 厚聚氨酯防水涂料隔汽层
8. 20 厚 1：3 水泥砂浆找平层
9. 钢筋混凝土屋面板

平屋顶构造

平屋顶保温层的设置

平屋顶因屋面坡度平缓，适合将保温层放在屋面结构层上（刚性防水屋面不适宜设保温层）。

保温层通常设在结构层之上、防水层之下。保温卷材防水屋面与非保温卷材防水屋面的区别是增设了保温层，构造需要相应增加了找平层、结合层和隔汽层。设置隔汽层的目的是防止室内水蒸气渗入保温层，使保温层受潮而降低保温效果。隔汽层的一般做法是在 20mm 厚 1：3 水泥砂浆找平层上刷冷底子油两道作为结合层，结合层上做一布二油或两道热沥青隔汽层。

平屋顶防水屋面女儿墙有组织排水构造

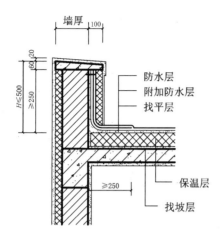

墙厚 100

防水层
附加防水层
找平层

保温层

找坡层

图 4-2　低女儿墙构造

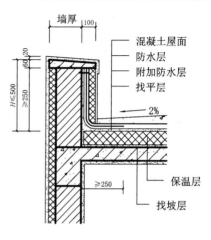

墙厚 100

混凝土屋面
防水层
附加防水层
找平层

2%

保温层

找坡层

图 4-3　低女儿墙构造（上人）

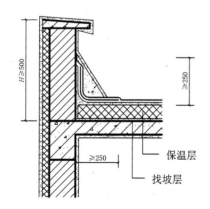

保温层

找坡层

图 4-4　高女儿墙构造

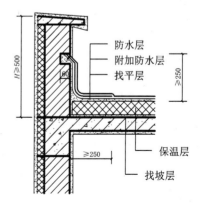

防水层
附加防水层
找平层

保温层

找坡层

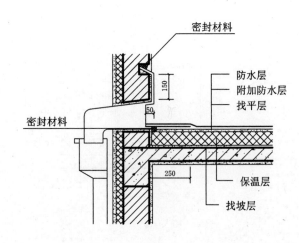

图 4-5　女儿墙屋面外雨水口构造

平屋顶构造

女儿墙压顶

女儿墙是建筑物屋顶四周围的矮墙，主要作用是维护安全，其高度根据国家建筑规范定，上人屋面女儿墙高度一般不得低于 1.2m。不上人屋面女儿墙一般高度为 0.6m。

女儿墙压顶是指在女儿墙最顶部做防水压砖的收头，其作用是以避免防水层渗水，或是屋顶雨水漫流，还能使女儿墙连续性和整体性更好。

女儿墙泛水的施工要点

泛水是屋面防水与突出屋面之上的结构，如女儿墙、烟囱、楼梯间、立管等之间的防水构造，女儿墙泛水是将屋面防水材料铺至垂直墙面高度不小于 250mm。

在屋面与垂直女儿墙面的交接缝处，砂浆找平层应抹成圆弧形或 45° 斜面，上刷卷材胶粘剂，使卷材胶粘密实，避免卷材架空或折断，并加铺一层卷材。

做好泛水上口的卷材收头固定，防止卷材在垂直墙面上下滑。

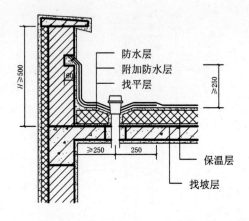

图 4-6　女儿墙屋面内雨水口构造

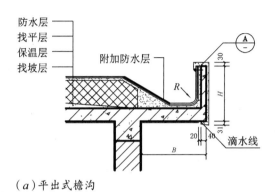

（a）平出式檐沟

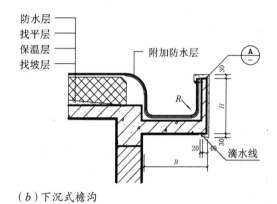

（b）下沉式檐沟

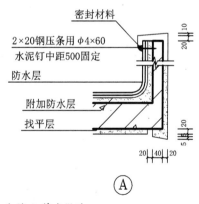

（c）斜坡式檐沟

（d）A节点做法

图 4-7　平屋顶防水屋面檐沟构造

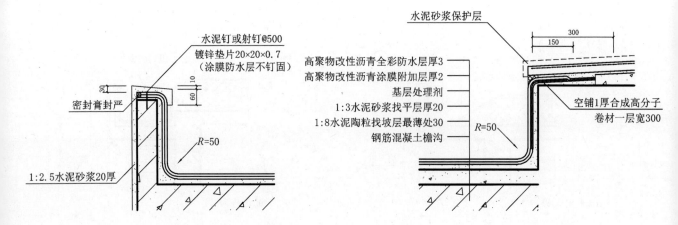

图 4-8 平屋顶檐沟构造详图

平屋顶构造

平屋顶檐沟构造及施工要点

　　①檐沟应增铺附加层。当采用沥青防水卷材时，应增铺一层卷材。

　　②檐沟与屋面交接处的附加层宜空铺，且空铺宽度不应小于200mm。

　　③天沟、檐沟卷材收头应固定密封。

　　④高低跨内排水天沟与立墙交接处，应采取能适应变形的密封处理。

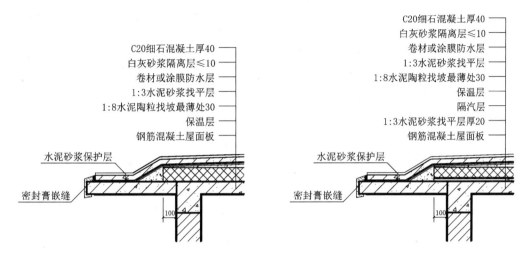

C20细石混凝土厚40
白灰砂浆隔离层≤10
卷材或涂膜防水层
1:3水泥砂浆找平层
1:8水泥陶粒找坡最薄处30
保温层
钢筋混凝土屋面板

水泥砂浆保护层

密封膏嵌缝

100

C20细石混凝土厚40
白灰砂浆隔离层≤10
卷材或涂膜防水层
1:3水泥砂浆找平层
1:8水泥陶粒找坡最薄处30
保温层
隔汽层
1:3水泥砂浆找平层厚20
钢筋混凝土屋面板

水泥砂浆保护层

密封膏嵌缝

100

图 4-9　平屋顶檐口构造

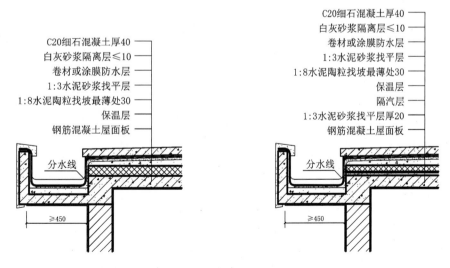

C20细石混凝土厚40
白灰砂浆隔离层≤10
卷材或涂膜防水层
1:3水泥砂浆找平层
1:8水泥陶粒找坡最薄处30
保温层
钢筋混凝土屋面板

分水线

≥450

C20细石混凝土厚40
白灰砂浆隔离层≤10
卷材或涂膜防水层
1:3水泥砂浆找平层
1:8水泥陶粒找坡最薄处30
保温层
隔汽层
1:3水泥砂浆找平层厚20
钢筋混凝土屋面板

分水线

≥450

图 4-10　平屋顶檐沟构造

平屋顶女儿墙泛水构造

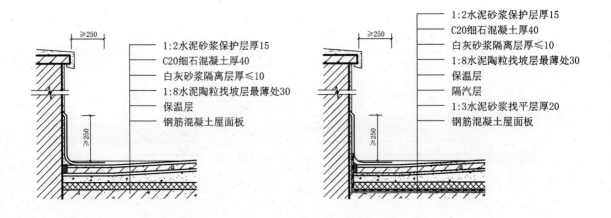

1:2水泥砂浆保护层厚15
C20细石混凝土厚40
白灰砂浆隔离层厚≤10
1:8水泥陶粒找坡层最薄处30
保温层
钢筋混凝土屋面板

1:2水泥砂浆保护层厚15
C20细石混凝土厚40
白灰砂浆隔离层厚≤10
1:8水泥陶粒找坡层最薄处30
保温层
隔汽层
1:3水泥砂浆找平层厚20
钢筋混凝土屋面板

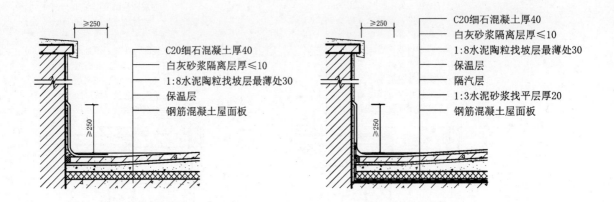

C20细石混凝土厚40
白灰砂浆隔离层厚≤10
1:8水泥陶粒找坡层最薄处30
保温层
钢筋混凝土屋面板

C20细石混凝土厚40
白灰砂浆隔离层厚≤10
1:8水泥陶粒找坡层最薄处30
保温层
隔汽层
1:3水泥砂浆找平层厚20
钢筋混凝土屋面板

图4-11 平屋顶女儿墙泛水构造

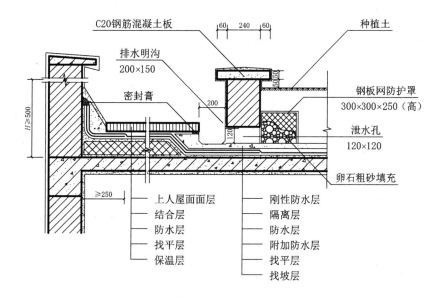

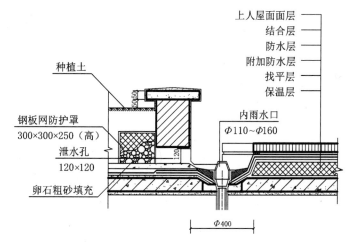

图4-12 种植屋面剖面构造

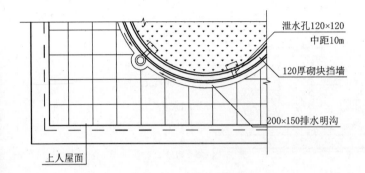

图 4-13　种植屋面平面示意图

泄水孔120×120
中距10m

120厚砌块挡墙

200×150排水明沟

上人屋面

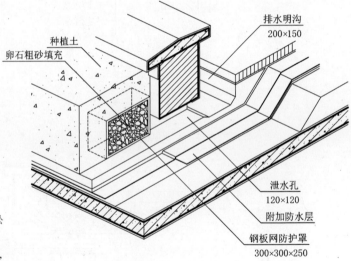

排水明沟
200×150

种植土
卵石粗砂填充

泄水孔
120×120

附加防水层

钢板网防护罩
300×300×250

图 4-14　种植屋面轴测示意图

平屋顶构造

种植屋面注意事项

①种植土层：一般采用野外可耕作的土壤为基土，再掺以松散物混合而成种植土。

②隔离层：隔离层可采用无纺布、玻璃丝布，也可用塑料布，为了透水应搭接不粘合。

③蓄水层：蓄水层用 5cm 厚的泡沫塑料铺成，也可选用海绵状毡，做蓄水层也很好。

④排水层：排水层是用 2～3cm 粒径的碎石或卵石，厚度为10～15cm。

⑤保护层：一般选用铝箔面沥青油毡、聚氯乙烯卷材或中密度聚乙烯土工布。

1. 块瓦
2. 钢挂瓦条 30×25（h），中距按瓦材规格（φ4 长 45 钢钉固定）
3. 钢顺水条 30×25（h），中距 500，用 φ4 长 60 水泥钉 @600 固定
4. 35 厚 C20 细石混凝土持钉层（配 φ4@150×150 钢筋网
5. 防水（垫）层
6. 20 厚 1：3 水泥砂浆找平层
7. 屋面板

1. 块瓦
2. 木挂瓦条 30×25（h），中距按瓦材规格（φ4 长 45 钢钉固定）
3. 木顺水条 30×25（h），中距 500，用 φ4 长 60 水泥钉 @600 固定
4. 35 厚 C20 细石混凝土持钉层（配 φ4@150×150 钢筋网
5. 防水（垫）层
6. 20 厚 1：3 水泥砂浆找平层
7. 屋面板

1. 块瓦
2. 钢挂瓦条 30×25（h），中距按瓦材规格（φ4 长 45 钢钉固定）
3. 钢顺水条 30×25（h），中距 500，用 φ4 长 60 水泥钉 @600 固定
4. 35 厚 C20 细石混凝土持钉层（配 φ4@150×150 钢筋网
5. 保温或隔汽层
6. 防水（垫）层
7. 20 厚 1：3 水泥砂浆找平层
8. 屋面板

1. 块瓦
2. 木挂瓦条 30×25（h），中距按瓦材规格（φ4 长 45 钢钉固定）
3. 木顺水条 30×25（h），中距 500，用 φ4 长 60 水泥钉 @600 固定
4. 35 厚 C20 细石混凝土持钉层（配 φ4@150×150 钢筋网
5. 保温或隔汽层
6. 防水（垫）层
7. 20 厚 1：3 水泥砂浆找平层
8. 屋面板

1. 沥青瓦用专用钢钉固定，钉入持钉层≥ 15
2. 防水（垫）层
3. 35 厚 C20 细石混凝土持钉层（配 φ4@150×150 钢筋网）
4. 保温或隔汽层
5. 屋面板

1. 沥青瓦用专用钢钉固定，钉入找平层≥ 15
2. 35 厚 C20 细石混凝土持钉层（配 φ4 @150×150 钢筋网）
3. 保温或隔汽层
4. 防水（垫）层
5. 20 厚 1：3 水泥砂浆找平层
6. 屋面板

图 4-15　保温坡屋顶构造

1. 块瓦
2. 木挂瓦条 30×25（h），中距按瓦材规格（φ4 长 45 钢钉固定）
3. 木顺水条 30×25（h），中距 500，用 φ4 长 60 水泥钉 @600 固定
4. 35 厚 C20 细石混凝土持钉层（配 φ4@150×150 钢筋网
5. 防水（垫）层
6. 保温或隔汽层
7. 20 厚 1∶3 水泥砂浆找平层
8. 屋面板

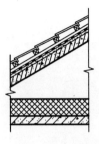

1. 块瓦
2. 木挂瓦条 30×25（h），中距按瓦材规格（φ4 长 45 钢钉固定）
3. 木顺水条 30×25（h），中距 500，用 φ4 长 60 水泥钉 @600 固定
4. 防水（垫）层
5. 20 厚 1∶3 水泥砂浆找平层
6. 屋面板
7. 保温层
8. 顶棚

1. 块瓦
2. 木挂瓦条 30×25（h），中距按瓦材规格（φ4 长 45 钢钉固定）
3. 木顺水条 30×25（h），中距 500，用 φ4 长 60 水泥钉 @600 固定
4. 35 厚 C20 细石混凝土持钉层（配 φ4@150×150 钢筋网
5. 防水（垫）层
6. 20 厚 1∶3 水泥砂浆找平层
7. 保温或隔汽层
8. 屋面板

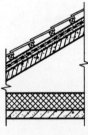

1. 块瓦
2. 木挂瓦条 30×25（h），中距按瓦材规格（φ4 长 45 钢钉固定）
3. 木顺水条 30×25（h），中距 500，用 φ4 长 60 水泥钉 @600 固定
4. 35 厚 C20 细石混凝土持钉层（配 φ4@150×150 钢筋网
5. 防水（垫）层
6. 20 厚 1∶3 水泥砂浆找平层
7. 屋面板
8. 保温层
9. 顶棚

1. 金属彩板仿平瓦用带橡胶垫圈的自攻螺栓与挂瓦条固定
2. 冷弯型钢挂瓦条，中距按瓦材规格用 M8×80 胀锚螺栓固定在屋面板上，挂瓦条下部钉钉处加 4 厚垫板（垫板下密封膏压严）
3. 保温或隔热层黏贴在挂瓦条之间
4. 防水层
5. 20 厚 1∶3 水泥砂浆找平层
6. 屋面板

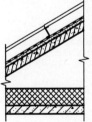

1. 金属彩板仿平瓦用带橡胶垫圈的自攻螺栓与挂瓦条固定
2. 冷弯型钢挂瓦条，中距按瓦材规格用 M8×80 胀锚螺栓固定在屋面板上，挂瓦条下部钉钉处加 4 厚垫板（垫板下密封膏压严）
3. 防水层
4. 20 厚 1∶3 水泥砂浆找平层
5. 屋面板
6. 保温层
7. 顶棚

瓦屋面檐口构造

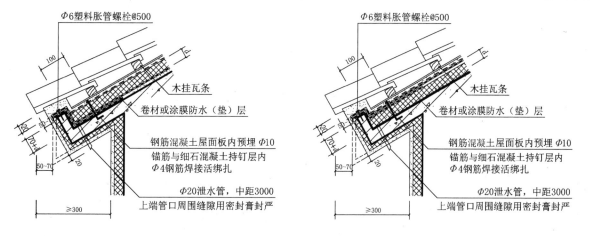

图 4-16　木挂瓦条瓦屋面檐口构造

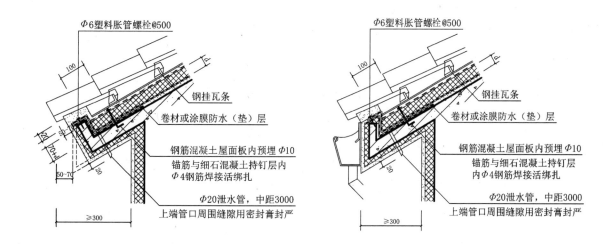

图 4-17　钢挂瓦条瓦屋面檐口构造

瓦屋面挂瓦条、顺水条安装

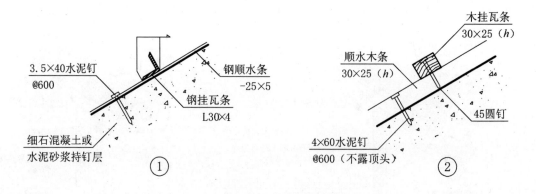

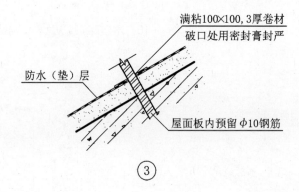

坡屋顶构造

图 4-18 挂瓦条、顺水条安装构造

构造注意事项

①块瓦分为烧结瓦和混凝土瓦两种，坡度不小于30%。

②沥青瓦分为平层瓦和叠层瓦。沥青瓦应具有自粘胶带或互相搭接的连接构造。

③细石混凝土基层上铺设沥青瓦时，每片瓦不应少于 4 个固定钉。

④当屋面坡度大于100%或位于大风、地震地区时，瓦材应采取固定加强措施。

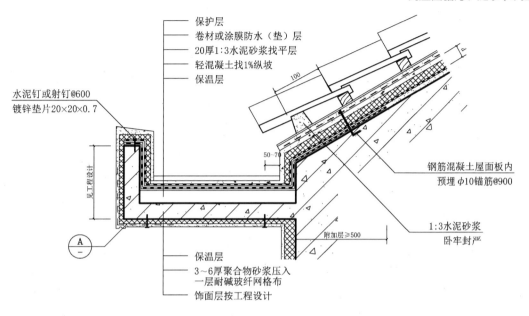

保护层
卷材或涂膜防水（垫）层
20厚1:3水泥砂浆找平层
轻混凝土找1%纵坡
保温层

水泥钉或射钉@600
镀锌垫片20×20×0.7

100

50~70

见工程设计

附加层≥500

钢筋混凝土屋面板内
预埋 φ10锚筋@900

1:3水泥砂浆
卧牢封严

保温层
3~6厚聚合物砂浆压入
一层耐碱玻纤网格布
饰面层按工程设计

图 4-19　瓦屋面檐沟构造（木挂瓦条）

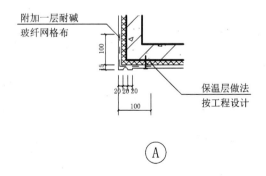

附加一层耐碱
玻纤网格布

100

15

20 20 20

100

保温层做法
按工程设计

图 4-20　节点 A 构造（木挂瓦条）

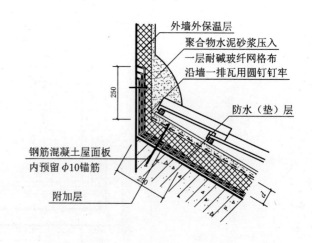

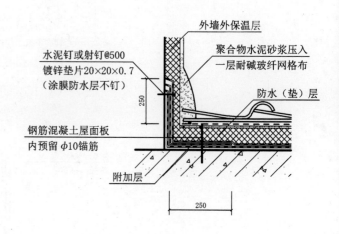

图 4-21　泛水构造（木挂瓦条）

坡屋顶构造

坡屋顶檐沟的工艺流程

檐沟应增设附加层，防水卷材屋面防水面设置防水涂膜附加层，形成涂膜与卷材复合的防水层。天沟、檐沟与屋面交接处的附加层宜空铺，空铺宽度不应小于200mm。

檐沟的卷材应由沟底翻上至沟外檐顶部，采用20mm宽的薄钢板压条与水泥钉钉牢，卷材端头应用密封材料封严，然后抹25mm厚与外檐材料相同的保护层，并向檐沟找坡，防止雨水倒流。

施工步骤：

①清理基层；

②木挂瓦条、顺水条防腐；

③钉顺水条；

④钉挂瓦条；

⑤铺瓦；

⑥检查验收；

⑦淋水试验。

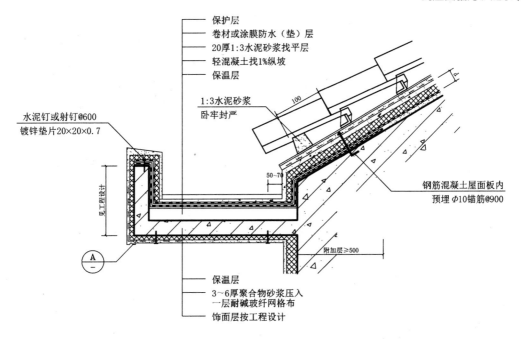

保护层
卷材或涂膜防水（垫）层
20厚1:3水泥砂浆找平层
轻混凝土找1%纵坡
保温层

1:3水泥砂浆
卧牢封严

水泥钉或射钉@600
镀锌垫片20×20×0.7

钢筋混凝土屋面板内
预埋 φ10锚筋@900

50~70

见工程设计

附加层≥500

保温层
3~6厚聚合物砂浆压入
一层耐碱玻纤网格布
饰面层按工程设计

图 4-22　瓦屋面檐沟构造（钢挂瓦条）

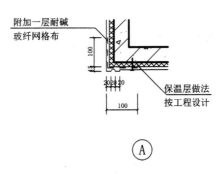

附加一层耐碱
玻纤网格布

100

保温层做法
按工程设计

20 20 20

100

图 4-23　节点 A 构造（钢挂瓦条）

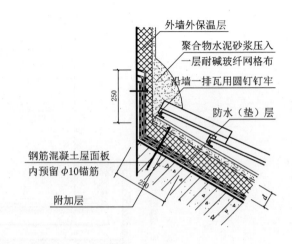

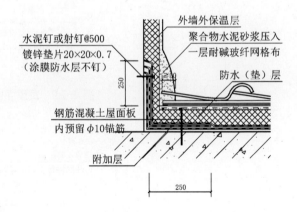

图 4-24　泛水构造（钢挂瓦条）

坡屋顶构造

坡屋顶檐沟注意事项

檐沟应增铺附加层。当采用沥青防水卷材时，应增铺一层卷材；当采用高聚物改性沥青防水卷材或合成高分子防水卷材时，宜设置防水涂膜附加层。

坡屋顶泛水注意事项

坡屋顶泛水的构造要点总结为三点：

①将屋面的卷材继续铺至垂直墙面上，形成卷材防水，屋面泛水高度不小于 250mm。

②在屋面与垂直女儿墙面的交接缝处，砂浆找平层应抹成圆弧形或 45°斜面，上刷卷材胶粘剂，使卷材胶粘密实，避免卷材架空或折断，并加铺一层卷材。

③做好泛水上口的卷材收头固定，防止卷材在垂直墙面上下滑。

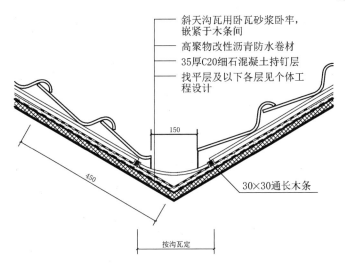

斜天沟瓦用卧瓦砂浆卧牢，
嵌紧于木条间
高聚物改性沥青防水卷材
35厚C20细石混凝土持钉层
找平层及以下各层见个体工
程设计

150

450

30×30通长木条

按沟瓦定

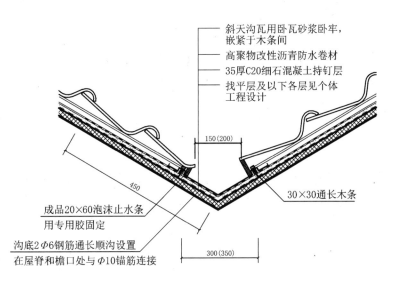

斜天沟瓦用卧瓦砂浆卧牢，
嵌紧于木条间
高聚物改性沥青防水卷材
35厚C20细石混凝土持钉层
找平层及以下各层见个体
工程设计

150（200）

450

30×30通长木条

成品20×60泡沫止水条
用专用胶固定

沟底2Φ6钢筋通长顺沟设置
在屋脊和檐口处与Φ10锚筋连接

300（350）

图 4-25　斜天沟构造（木挂瓦条）

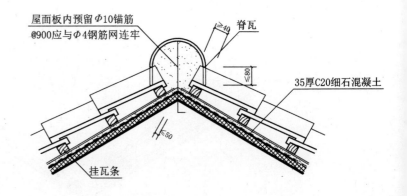

图 4-26　正脊构造（木挂瓦条）

屋面板内预留 Φ10 锚筋
@900应与 Φ4 钢筋网连牢

≥40

脊瓦

≤80

35厚C20细石混凝土

50

挂瓦条

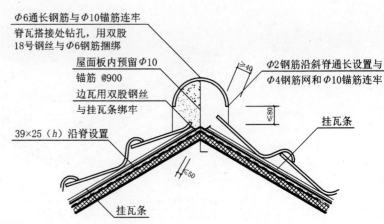

Φ6通长钢筋与Φ10锚筋连牢
脊瓦搭接处钻孔，用双股
18号钢丝与Φ6钢筋捆绑
屋面板内预留Φ10
锚筋 @900
边瓦用双股钢丝
与挂瓦条绑牢
39×25（h）沿脊设置

≥40

Φ2钢筋沿斜脊通长设置与
Φ4钢筋网和Φ10锚筋连牢

≤80

挂瓦条

50

挂瓦条

坡屋顶构造

斜天沟与屋脊施工要点

①屋脊和斜天沟卧瓦用 1：3 水泥砂浆。

②脊瓦下端与坡面瓦之间可用专用异型瓦封堵，也可以用卧瓦砂浆封堵抹平，按瓦型配件确定。

③斜天沟两侧的瓦材，应切割整齐，瓦边缘平直，沟两侧用砂浆封堵抹平，沟边的每一块瓦均与挂瓦条钉牢。

图 4-27　斜脊构造（木挂瓦条）

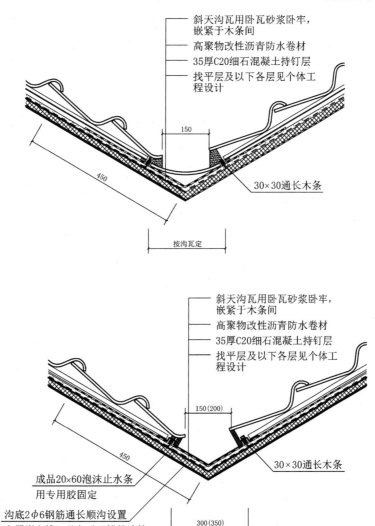

斜天沟瓦用卧瓦砂浆卧牢，嵌紧于木条间

高聚物改性沥青防水卷材

35厚C20细石混凝土持钉层

找平层及以下各层见个体工程设计

150

450

30×30通长木条

按沟瓦定

斜天沟瓦用卧瓦砂浆卧牢，嵌紧于木条间

高聚物改性沥青防水卷材

35厚C20细石混凝土持钉层

找平层及以下各层见个体工程设计

150(200)

450

30×30通长木条

成品20×60泡沫止水条用专用胶固定

沟底2φ6钢筋通长顺沟设置在屋脊和檐口处与φ10锚筋连接

300(350)

图 4-28 斜天沟构造（钢挂瓦条）

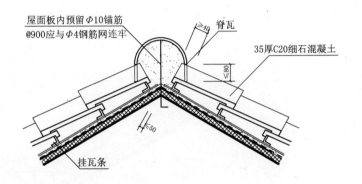

图 4-29　正脊构造（钢挂瓦条）

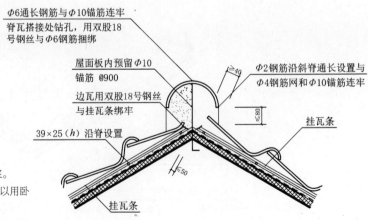

图 4-30　斜脊构造（钢挂瓦条）

坡屋顶构造

斜天沟与屋脊施工工艺

①屋脊和斜天沟卧瓦用纤维混合砂浆或聚合物水泥砂浆。

②脊瓦下端与坡面瓦之间可用专用异型瓦封堵，也可以用卧瓦砂浆封堵抹平，按瓦型配件确定。

③斜天沟两侧的瓦材，应切割整齐，瓦边缘平直，沟两侧用砂浆封堵抹平，沟边的每一块瓦均与挂瓦条钉牢。

④挂瓦条下为水泥砂浆找平层时，找平层内无钢筋网，此时正脊处屋面板不预留锚筋。

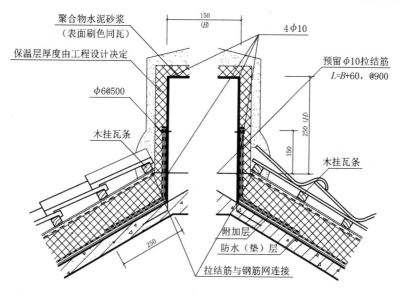

图 4-31　正脊构造（木挂瓦条）　　　　图 4-32　斜脊构造（木挂瓦条）

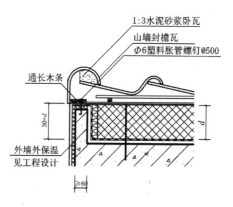

图 4-33　山墙封檐构造（木挂瓦条）

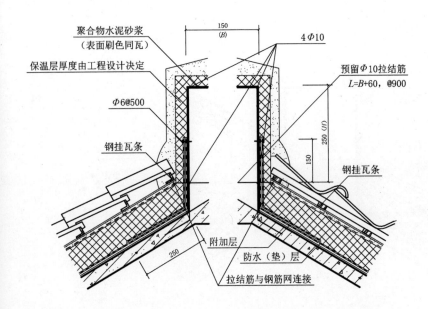

聚合物水泥砂浆
（表面刷色同瓦）

保温层厚度由工程设计决定

$\Phi6@500$

钢挂瓦条

150
(B)

4 $\Phi10$

预留$\Phi10$拉结筋
$L=B+60$，@900

250 (H)

150

钢挂瓦条

附加层

防水（垫）层

拉结筋与钢筋网连接

250

图 4-34　正脊构造（钢挂瓦条）　　图 4-35　斜脊构造（钢挂瓦条）

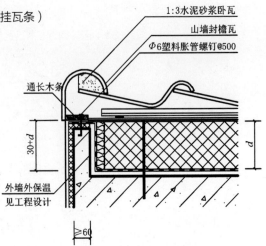

1:3水泥砂浆卧瓦

山墙封檐瓦

$\Phi6$塑料胀管螺钉@500

通长木条

30+d

d

外墙外保温
见工程设计

≥60

图 4-36　山墙封檐构造（钢挂瓦条）

坡屋顶构造

施工设计注意事项

①图中 B 为屋脊宽度，H 为屋脊高度。工程设计另选屋脊高、宽，可加注 B、H 值。

②图中 d 为保温层厚度，保温材料、厚度应符合相关规范要求并由工程设计决定。

③山墙节点封檐高度为 $d+30$。

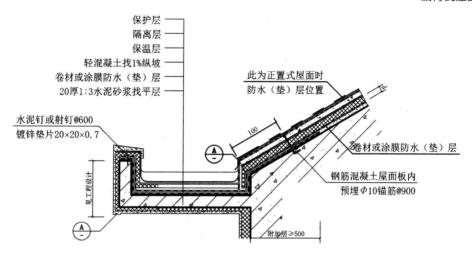

图4-37 檐沟构造

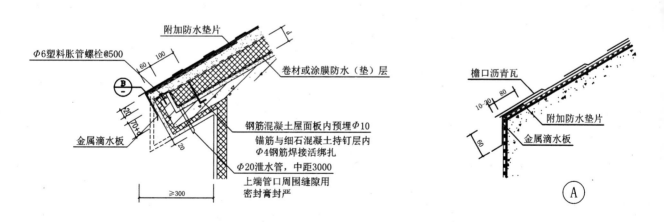

图4-38 檐口构造

图4-39 节点A构造

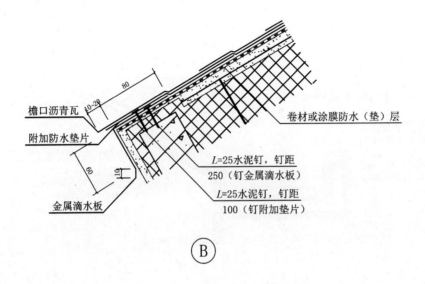

檐口沥青瓦

附加防水垫片

金属滴水板

卷材或涂膜防水（垫）层

L=25水泥钉，钉距 250（钉金属滴水板）

L=25水泥钉，钉距 100（钉附加垫片）

图4-40 节点B构造

坡屋顶构造

沥青瓦屋面檐口、檐沟施工要点

①沥青脊瓦和斜天沟部位的卷材，瓦材均采用满粘加钉的铺设方法，按瓦材生产场景的产品要求施工。

②沥青脊瓦一般可用沥青瓦裁成，也可用专用脊瓦。

③斜天沟有切割式（亦称搭接式）、敞开式、编织式等几种做法。

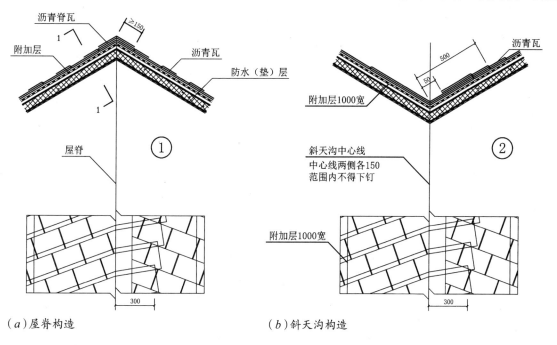

(a)屋脊构造　　　　　　　(b)斜天沟构造

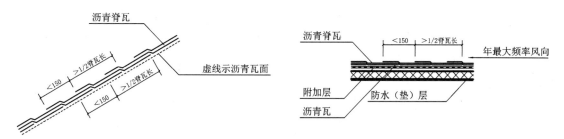

(c) 1-1 详图

图 4-41　沥青瓦屋面泛水、斜天沟构造

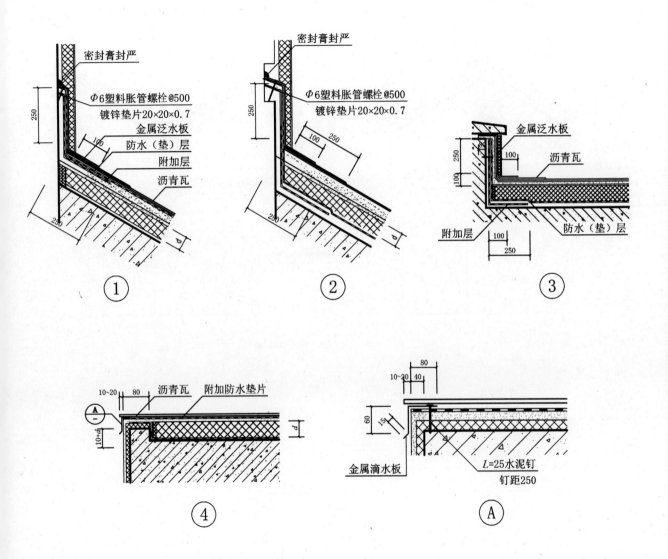

图 4-42　沥青瓦屋面泛水、山墙构造

金属彩钢板屋顶构造

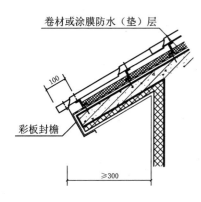

图 4-43　金属彩钢板屋面檐口构造

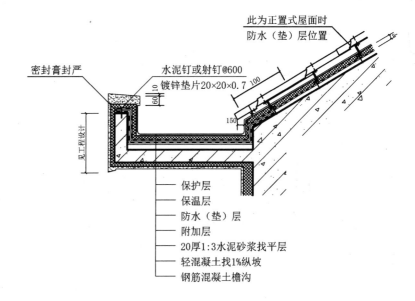

- 保护层
- 保温层
- 防水（垫）层
- 附加层
- 20厚1:3水泥砂浆找平层
- 轻混凝土找1%纵坡
- 钢筋混凝土檐沟

图 4-44　金属彩钢板屋面檐沟构造

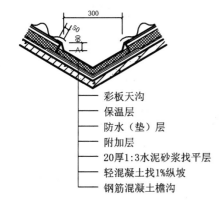

- 彩板天沟
- 保温层
- 防水（垫）层
- 附加层
- 20厚1:3水泥砂浆找平层
- 轻混凝土找1%纵坡
- 钢筋混凝土檐沟

图 4-45　斜天沟构造

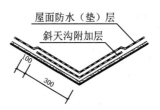

图 4-46　斜天沟防水卷材铺贴构造

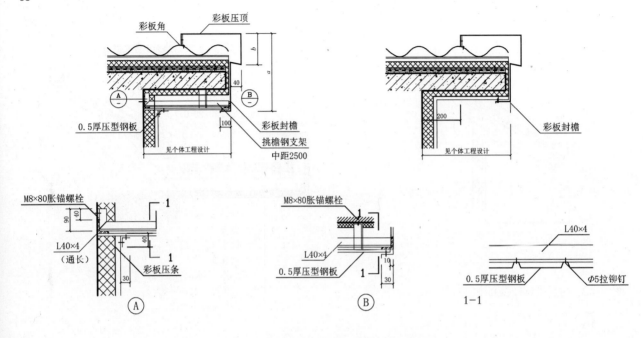

图 4-47　金属彩钢板山墙挑檐构造

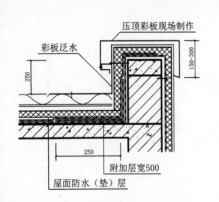
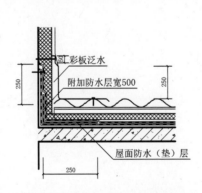
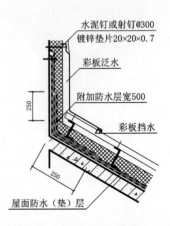

图 4-48　金属彩钢板泛水构造

伍

楼梯构造

概述

楼梯作为建筑物中连接垂直交通的构件，要求楼梯通行顺畅，行走舒适，且要坚固、耐久、防火、安全和美观。

楼梯要符合结构、构造、施工、防火等方面要求，除自身荷载外，楼梯还承担使用中产生的较大的活荷载，因此应具有足够的强度、刚度及稳定性，并适当地考虑楼梯间的位置，采取一定的加强措施，以保证结构的坚固、安全。选择合适的材料和合理的构造方案，使施工简单、结构合理。

根据村镇住宅的特点，本书仅介绍户内楼梯的构造做法。楼梯按构造材料主要分为钢筋混凝土楼梯和木楼梯。楼梯由梯段、踏步、踏口、平台和扶手栏杆组成。楼梯应适用于室内层高2.7m、2.8m、2.9m、3.0m的住宅建筑。室内楼梯扶手净高度大于等于0.9m。当水平段栏杆长度大于0.5m时，其扶手高度大于等于1.05m。

1. 楼梯的分类

村镇住宅可以使用小构件预制装配式楼梯、钢筋混凝土楼梯和户内木楼梯。

预制装配梁承式钢筋混凝土楼梯是指梯段由平台梁支承的楼梯构造方式。预制构件可按梯段、平台梁、平台板三部分进行划分。

现浇钢筋混凝土楼梯是指楼梯段、楼梯平台等整浇在一起的楼梯。它整体性好，刚度大，坚固耐久，抗震较为有利。但是在施工过程中，要经过支模板、绑扎钢筋、浇灌混凝土、振捣、养护、拆模等作业，受外界环境因素影响较大，工人劳动强度大。在拆模之前，不能利用它进行垂直运输。因而较适合于比较小且抗震设防要求较高的建筑中。

木楼梯由踏步板、踢脚板、三角木、平台、斜梁和栏杆扶手组成。木楼梯造型美观、自重轻，但需要专业木工制作，价格较贵。

2. 楼梯的组成

楼梯一般由楼梯段、平台及栏杆（或栏板）三部分组成。楼梯梯段设有踏步供楼层间上下行走的通道构件称为梯段，踏步由踏面和踢面组成。

梯段是楼梯的主要使用和承重部分，它由若干个踏步组成。为减少人们上下楼梯时的疲劳和适应人行的习惯，一个楼梯段的踏步数要求最少不少于 3 级且最多不超过 18 级。楼梯平台连接两楼梯段之间的水平板称为平台。

平台可用来连接楼层、转换梯段方向和行人中间休息。有楼层平台、中间平台之分。介于两个楼层中间供人们在连续上楼时稍加休息的平台称为中间平台，中间平台又称休息平台。在楼层上下楼梯的起始部位与楼层标高相一致的平台称为楼层平台。

栏杆扶手是楼梯段的安全设施，一般设置在梯段的边缘和平台临空的一边，要求它必须坚固可靠，并保证有足够的安全高度。扶手是栏杆或栏板顶部供行人依扶用的连续构件。

小构件预制装配式楼梯构造

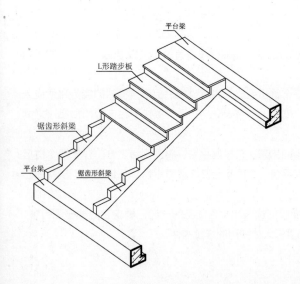

图 5-1　L 形踏步板预制装配式楼梯轴测示意图

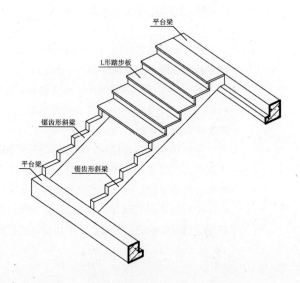

图 5-2　一字形踏步板预制装配式楼梯轴测示意图

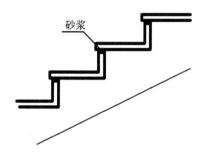

图 5-3　L 形踏步板接缝处填砂浆

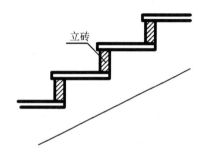

图 5-4　一字形踏步板加砌 1/4 立面踢砖

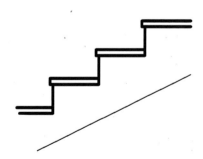

图 5-5　一字形踏步板无立面踢砖（透空）

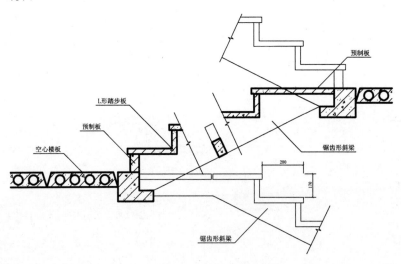

图 5-6　L 形踏步板预制装配式楼梯剖面构造

楼梯构造

小构件预制装配式楼梯的特点

　　小型构件装配式钢筋混凝土楼梯的主要特点是构件小而轻，易制作，但施工繁而慢，湿作业多，耗费人力，适用于施工条件较差的地区。

　　小型构件装配式钢筋混凝土楼梯的预制构件主要有钢筋混凝土预制踏步、平台板、支撑结构。

　　预制踏步的支撑方式一般有墙承式、悬臂踏步式、梁承式三种。

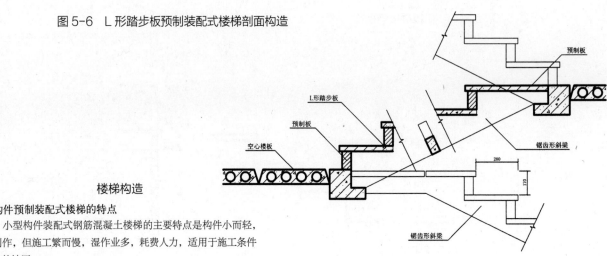

图 5-7　一字形踏步板预制装配式楼梯剖面构造

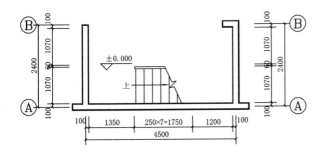

图 5-8　楼梯一层平面图

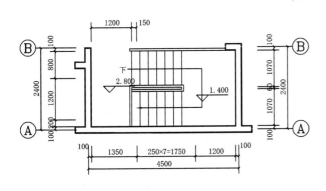

图 5-9　楼梯二层平面图

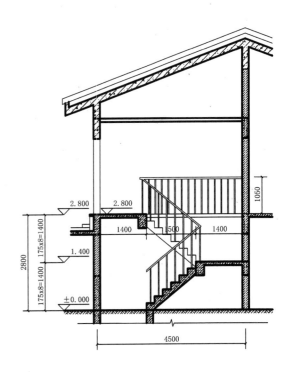

图 5-10　楼梯剖面示意图

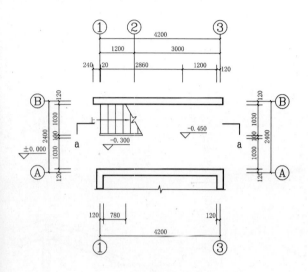

图 5-11 楼梯一层平面图

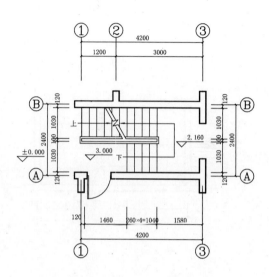

图 5-12 楼梯二层平面图

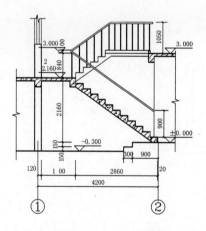

图 5-13 a-a 剖面示意图

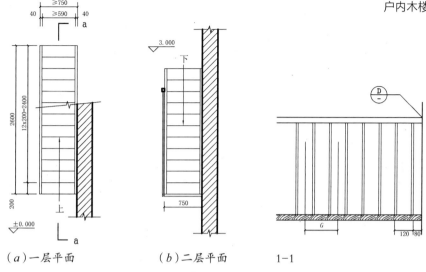

（a）一层平面　　　（b）二层平面　　　1—1

图 5-14　扶手平面示意图

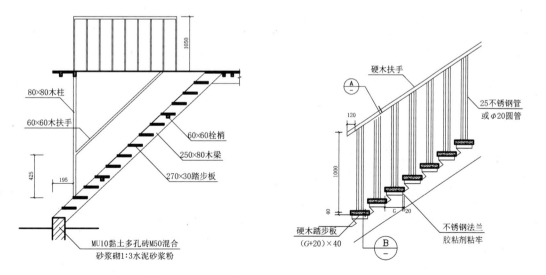

图 5-15　扶手立面示意图

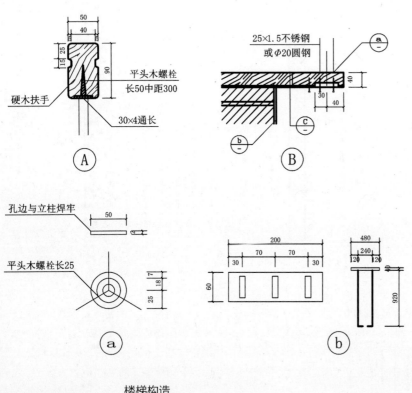

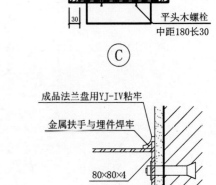

图 5-16 扶手细部构造

楼梯构造

木楼梯扶手施工要点

施工要点:

①选用顺直、少节的硬木好料,花样必须符合规定,制作弯头前应做实样板。

②接头均应在下面做暗燕尾榫,接头应牢固,不得错牙。

③扶手下面的木槽应严密地卡在栏杆的钢板上,并用螺钉拧紧。

木楼梯扶手质量要求

①木扶手应采用花纹美丽,木质坚硬,无木节、髓芯、裂缝等缺陷的优质木材制作,含水率应符合规范规定。

②木扶手必须镶钉牢固,无松动现象。

③尺寸正确,表面平直光滑,线条顺直,无刨痕、毛刺、锤印等缺陷。

④安装位置正确,割角整齐、交圈,接缝严密,平直通顺。

后
记

    《东北严寒地区村镇绿色建筑围护结构构造图集》是哈尔滨工业大学承担的"十二五"国家科技支撑计划项目《严寒地区绿色村镇建设关键技术研究与示范》（2013BAJ12B00）课题《东北严寒地区绿色村镇建设综合技术集成示范》（2013BAJ12B04）的研究成果之一。本图集跟踪和精选课题组在项目研究过程中调研、设计、示范的村镇绿色建筑的典型案例，选择适宜东北严寒地区村镇绿色建筑使用的围护结构构造，从筹划、汇编到成册历时一年多，经过数次修改完善，最终定稿。本书根据村镇建筑的特点，图文并茂地介绍了墙体、楼地面、屋顶和楼梯等围护结构的构造做法，图册的重点在于施工可行性，期望以此指导村镇绿色建筑的建造和发展。本图集的编制过程中，得到黑龙江省建设厅的支持和指导，课题组同事提供了大量资料和研究成果，王鹏、邓博、周璐晴等同学绘制和整理了本书的大量图片，在此感谢为本图集编著付出辛勤劳动的全体成员。

    作为占中国人口数量比例最大的村镇居民，其住宅的绿色建造能够为中国生态文明建设作出卓越的贡献。希望此图册能为广大农民朋友的建房提供帮助，给广大农民创造一个更加良好舒适的居住环境，为城乡和谐发展作出贡献。

参考文献

［1］GB 50352-2005 民用建筑设计通则［S］.

［2］JGJ/T 229-2010 民用建筑绿色设计规范［S］.

［3］11J930 住宅建筑构造［S］.

［4］11SJ937-3 不同地域特色村镇住宅与建筑结构构造图集 1.建筑构造［S］.

［5］05J910-1 钢结构住宅 -1［S］.

［6］05J910-2 钢结构住宅 -2［S］.

［7］07J107 夹心保温墙建筑构造［S］.

［8］金虹.建筑构造［M］.北京：清华大学出版社，2005.

［9］《建筑节点构造图》编委会.节能保温墙体（上、中、下）［M］.北京：中国建筑工业出版社，2008.

［10］A Aksamija, Perkins+Will. Sustainable Facades: Design Methods for High-Performance Building Envelopes [M]. Wiley, 2013.

［11］AK Sharma, NK Bansal, MS Sodha, V Gupta Passive building energy savings: A review of building envelope components [J]. International Journal of Energy Research, 2011,（6）.

［12］Vilune Lapinskiene. The Framework of an Optimization Model for Building Envelope [J]. Procedia Engineering, 2013（1）.

［13］上海现代建筑设计集团有限公司.建筑节能环保技术与产品：设计选用指南（围护结构）［M］.北京：中国建筑工业出版社，2006.

［14］班广生.建筑围护结构节能设计与实践［M］.北京：中国建筑工业出版社，2010.

［15］徐峰，周爱东，刘兰.建筑围护结构保温隔热应用技术［M］.北京：中国建筑工业出版社，2011.

［16］崔艳秋，苗纪奎，罗彩领等.建筑围护结构节能改造技术研究与工程示范［M］.北京：中国电力出版社，2014.

［17］徐龙，王海，高艳娜等.复合相变材料对轻质围护结构建筑室内热环境调节性能研究［J］.建筑科学，2013，（12）.

［18］彭梦月.被动式低能耗建筑围护结构关键技术与材料应用［J］.新型建筑材料，2015，（1）.

[19]张涛.国内典型传统民居外围护结构的气候适应性研究[D].西安：西安建筑科技大学，2013.

[20]梅洪元，叶洋.寒地村镇住宅节能设计发展趋势研究[J].低温建筑技术，2011，（12）.

[21]金虹，凌薇.低能耗低技术成本——寒地村镇节能住宅设计研究[J].建筑学报，2010，（8）.

[22]李志通，袁晓文，姜波.关于寒地农村住宅建设设计研究[J].建筑技术，2013，（2）.

[23]金虹，陈凯，邵腾等.应对极寒气候的低能耗高舒适村镇住宅设计研究——以扎兰屯卧牛河镇移民新村设计为例[J].建筑学报，2015，（2）：74-77.

[24]（美）詹姆斯·马力·欧康纳.被动式节能建筑[M].李禅译.沈阳：辽宁科学技术出版社，2015.

[25]方修睦，李桂文，王芳等.严寒地区农村住宅节能设计指标分析[J].建筑科学，2011，27（S1）.

图书在版编目（CIP）数据

东北严寒地区村镇绿色建筑围护结构构造图集／邵郁，孙澄编著． ——北京：中国建筑工业出版社，2016.3
ISBN 978-7-112-19216-8

Ⅰ．①东… Ⅱ．①邵… ②孙… Ⅲ．①寒冷地区-乡镇-农业建筑-生态建筑-围护结构-东北地区-图集 Ⅳ．①TU26-64②TU473.5-64

中国版本图书馆CIP数据核字（2016）第042073号

责任编辑：李　鸽　　毋婷娴　王雁宾

书籍设计：肖晋兴

责任校对：陈晶晶　张　颖

东北严寒地区村镇绿色建筑围护结构构造图集
邵郁　孙澄　编著
＊
中国建筑工业出版社出版、发行（北京西郊百万庄）
各地新华书店、建筑书店经销
晋兴抒和文化传播有限公司制版
廊坊市海涛印刷有限公司印刷
＊
开本：850×1168毫米　1/20　印张：6　字数：145千字
2016年3月第一版　　2016年3月第一次印刷
定价：48.00元
ISBN 978-7-112-19216-8
（28476）